心理学游戏不仅是娱乐，更是一种挖掘，让它告诉你自己与他人内心深处的秘密，帮你掌握幸福未来的线索

用简单的方法，找到真实的答案

每天玩一个
心理学游戏

赵广娜　游一行　主编

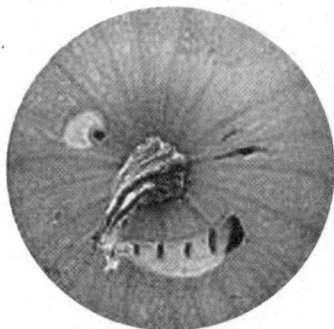

北京联合出版公司
Beijing United Publishing Co.,Ltd.

图书在版编目（CIP）数据

每天玩一个心理学游戏 / 赵广娜，游一行主编 .—北京：北京联合出版公司，2013.1（2022.11 重印）

ISBN 978-7-5502-1229-9

Ⅰ . ①每… Ⅱ . ①赵… ②游… Ⅲ . ①心理测验—通俗读物 Ⅳ . ① B841.7-49

中国版本图书馆 CIP 数据核字（2012）第 287419 号

每天玩一个心理学游戏

主　　编：赵广娜　游一行

出 品 人：赵红仕

责任编辑：史　媛

封面设计：韩　立

内文排版：吴秀侠

北京联合出版公司出版

（北京市西城区德外大街 83 号楼 9 层　　100088）

德富泰（唐山）印务有限公司印刷　新华书店经销

字数 370 千字　　787 毫米 ×1092 毫米　1/16　20 印张

2013 年 2 月第 1 版　 2022 年 11 月第 3 次印刷

ISBN 978-7-5502-1229-9

定价：58.00 元

前　言

　　生活与工作中的各种问题，都与心理学有着千丝万缕的联系，一旦掌握了相关的心理学知识，工作和生活中的许多难题就能迎刃而解。而心理学游戏是了解心理学、运用心理学的第一步，它以游戏、测试的方式，在自然状态下得出具有说服力的量化数据，帮助你了解自己的真实状况，实现对自己全方位的透析和把握。通过心理学游戏，可以在最短时间内轻松读懂自己。现在很多时尚杂志、报刊、网站都有心理学游戏的小栏目，人们被这些涉及爱情、婚姻、性格、事业、学业、人际关系等方方面面的游戏题所吸引，争先恐后地去破译个人生活的"达·芬奇密码"。

　　当我们遇到困难或者失去自信的时候，做做心理学游戏可以调节心情。一般情况下，心理学游戏都是说些善意的话，即使批评，也相当婉转，给玩游戏者带来一定的激励和启示。一般来说，心理学游戏的题目都比较有意思，能够激起我们的兴趣。不少人其实就是带着一种"好玩"的心情去做游戏，如果答案和自己想的一样，就会特别高兴；要是毫无关联，也可以权当一种精神上的放松。由于我们处于竞争环境中，因此总是渴望有人能与自己倾诉交流，而丰富细腻、有理又有情趣的心理学游戏，会让我们感觉到好像有人走进我们的心里，在细细询问和呵护着我们的精神世界。

　　实际上，心理学游戏是一种弥补自己缺点的好方法，它的功用就在于此。明智的人在做心理游戏的时候总是试图从中追寻到自己生活和工作的影子，以此真正地了解自己、认知自己，为以后的事业累积必要的资本。

　　对个人而言，运用这些权威而有效的心理学游戏能够更好地了解自己的优缺点，扬长避短，完善自我，达到预定的目标，走向成功。

　　对管理者而言，通过这些游戏可以发现和解决管理工作中存在的问题，并更好地识人、用人、管人，还能提高决策能力、协调能力、亲和力和影响力，使管理水平和领导能力得到大幅度的提高。

　　对企业单位而言，借助这些游戏在招聘人才、选拔人才的过程中可以更迅速、更便捷地挑选出所需的人员，从而使企业单位得到更好的发展。

　　本书所选的心理学游戏均出自世界权威机构和心理学专家的多年研究成

果，全书分为五个部分："自我探究，寻找最真实的自己""职场解析，看看你的职业道路能走多远""情感透析，美满的婚恋关系需要用心经营""处世解密，教你做一个社交达人""情绪扫描，让你在困境中放松自己"。书中深入浅出的剖析与富有权威的测试，内容全面、分析透彻、数据准确、结果客观，让你多角度、全方位地认识自我，发掘潜能，赢得爱情、家庭、人脉、事业、健康的大丰收，从而顺利地实现人生价值。本书不仅是个人心理自测、完善自我的最佳指南，也是管理者提高领导能力的有效工具，企业选拔人才、提高竞争力的科学顾问。

　　阅读此书，联系实际生活，正确认识自己，客观了解他人，在完善自己、管理自己的同时，让自己一点点蜕变成更成熟、更成功的人。

目 录

第一篇　自我探究，寻找最真实的自己

第一章　给自己的健康把把脉 ······························· 2
　　你的生活方式健康吗 ······································· 2
　　你用脑卫生吗 ··· 6
　　你是否有骨质疏松的危险 ··································· 7
　　你会得老年痴呆症吗 ······································· 9
　　你得癌症的可能性有多大 ··································· 10
　　你处于亚健康状态吗 ······································· 12
　　你是否面临肥胖危机 ······································· 13

第二章　你不一定完全了解自己 ··························· 15
　　你的心理年龄有多大 ······································· 15
　　寻找自己身上的缺点 ······································· 17
　　从笑容看出你的心机 ······································· 20
　　你是一个善良的人吗 ······································· 21
　　你的大脑工作能力如何 ····································· 23
　　你是一个迷恋过去的人吗 ··································· 28
　　你在哪方面最输不起 ······································· 33
　　你的优点在哪里 ··· 34

第三章　发现你不一样的个性 ····························· 36
　　你是一个双重性格的人吗 ··································· 36
　　海上奇遇测试性格缺陷 ····································· 38
　　点菜可以知道你的性格 ····································· 40
　　你是一个支配狂吗 ··· 41
　　你有自恋的倾向吗 ··· 46
　　你会是"墙头草"吗 ······································· 49

第四章　见证你有多聪明 52

你的记忆能力如何 52

你有很高的创造力吗 55

逻辑判断大比拼 59

脑筋换换换 63

综合能力大跃进 64

第二篇　职场解析，看看你的职业道路能走多远

第一章　聚焦你的事业线 70

你适合什么样的职业 70

你跳槽的时机到了吗 72

你将会被公司淘汰吗 76

你是老板眼中诚实的员工吗 78

你的执行力如何 80

你是忠心耿耿的员工吗 82

求职时你最引人注目的是什么 85

你和上司是敌人吗 87

你能抓住升迁的机会吗 89

第二章　你希望自己有多成功 92

你是否掌握了成功的密码 92

成功的战术里你缺哪一招 95

你的成功指数有多高 96

何时为你的最佳创业时机 99

你会运用"手腕"吗 100

你会取得多大的成就 102

第三章　你具备当领导的潜质吗 105

你是个知人善任的管理者吗 105

你具备做领导的潜质吗 109

你是否具有决策力 110

你具备亲和力吗 113

你具备识人能力吗 116

你拥有管人的艺术吗 119

你的说服力有多强 122

第四章　预见财神何时到你家 **125**

你是理财高手吗 125

财神何时到你家 128

你有成为亿万富翁的潜质吗 131

你的发财梦切合实际吗 133

你未来的财富看涨指数 135

是什么阻碍你发财致富 136

你从事什么职业容易发财 137

第三篇　情感透析，美满的婚恋关系需要用心经营

第一章　找到最适合你的 TA **140**

你属于哪种恋爱风格 140

你会爱上哪一种人 143

你的单身情歌还要唱多久 144

爱上一个人，需要几秒 147

你的求爱时机到了吗 149

第二章　爱的哲学与艺术 **153**

你们是天生的一对吗 153

你的爱情进展得怎样 158

他迷恋你哪一点 161

你的恋人有逃跑的念头吗 164

你们的爱情还能走多远 166

你恋爱的致命弱点是什么 171

第三章　婚姻经营全方位 **173**

你现在可以结婚了吗 173

你的婚姻够理想吗 174

你适合哪种婚姻模式 177

你是合格的另一半吗 181

你的婚姻会有危机吗 183

第四章　影响家庭关系的危险元素 **187**

婆媳关系，你处理得怎么样 187

他为什么想离婚 189

你家会有第三者出现吗 191

你是家中的受气包吗 193

第四篇　处世解密，教你做一个社交达人

第一章　掌握自己的社会生存指数 196

你的社会适应能力如何 196

你的生存技能如何 198

你有很强的应变能力吗 202

你处世够精明吗 205

你有坚强的意志力吗 208

你的危机意识有多强 211

你与社会的共鸣能力如何 212

第二章　你能成为社会交际专家吗 217

与人交往，你属于哪类人 217

你的公关能力如何 219

你的交际弱点在哪 221

你的人缘怎么样 223

你善于编织社会关系网吗 226

你能在 E 时代沟通自如吗 229

你有取悦他人的潜质吗 231

第三章　你是否拥有参透人心的能力 234

你看人或事物的眼光如何 234

学会根据脚步声判断人 235

走姿不同，个性有异 236

动作语言最能表现性格 238

一眼看出他是否在说谎 240

第四章　打造独特魅力的完美人生 242

你是哪种气质类型的人 242

你是最有魅力的人吗 247

你会给人怎样的第一印象 249

你展现魅力的武器是什么 252

你的自我形象如何 256

你掌握了自我表现的分寸了吗 258

第五篇　情绪扫描，让你在困境中放松自己

第一章　迎难而上还是选择逃避 262
面对逆境，你将如何选择 262
你处理困难的能力如何 263
你能够很好地处理压力吗 266
面对困境，你如何应对 272
你的承受压力指数有多高 276

第二章　挖掘你的情绪潜能 279
你会如何面对失败 279
你会如何应对尴尬 280
你能转败为胜吗 283
你高度敏感吗 284
你能使情绪变好吗 286

第三章　关注左右你的情感之源 289
你属于哪种情绪类型 289
你有抑郁症倾向吗 295
你总是带有敌对情绪吗 297
你有焦虑情绪吗 300
你的自卑感源于什么 301

第一篇

自我探究，
寻找最真实的自己

第一章

给自己的健康把把脉

你的生活方式健康吗

测试导语

深入地了解自己的日常生活习惯，了解自己的睡眠、烟酒嗜好度、性生活，等等，并且不断地去改善它、提高它，就可尽情享受健康生活的快乐。

按照自己的生活习惯对下列自测题作出最适合你的选择。

测试开始

1. 你动身上班的时候总是这样掌握的：
A. 提前一会儿到达
B. 不紧不慢正点到达
C. 慌慌张张，经常迟到

2. 你对文化体育活动的基本态度是：
A. 不感兴趣，从不沾边
B. 只是以一个旁观者的身份参加
C. 只要有可能，从不放过

3. 早晨起床后你会：
A. 先洗脸、刷牙，然后再煮稀饭
B. 先煮饭，再洗脸刷牙

C. 不一定

4. 你每天晚上就寝的时间大约是：
A. 凭自己的兴趣
B. 把事情干完即睡
C. 大体同一时间睡

5. 你有喝茶的习惯吗？
A. 不喜欢
B. 偶尔喝一点
C. 很喜欢，且懂得茶道

6. 你对第二天上班需带的一些东西如铅笔、练习本等是怎样准备的？
A. 当天晚上全部整理好
B. 家中的东西本来就井井有条，随时即可取用
C. 每天早上得费时费力去找

7. 你早上醒来以后，总是：
A. 从容起床，轻微锻炼一下再着手干要干的事情
B. 立即跳下床
C. 估计时间还来得及，再在被窝里"舒服一会儿"

8. 如果和朋友对某问题的认识产生分歧，你一般这样解决：
A. 坚持己见，争论不休
B. 你认为没有必要争论
C. 表明自己的观点，但不争论

9. 你的早餐通常是这样安排的：
A. 有稀有干，细嚼慢咽
B. 不管冷热干稀，吃几口就走
C. 因时间来不及了，下顿再补

10. 不管任务多重、工作压力有多大，你都会和同事开玩笑吗？
A. 有时候如此
B. 每天都如此

C. 很少如此

11. 当你准备第二天早些起床时，你是这样做的：
A. 预先上好闹钟
B. 请家人到时候喊
C. 自信到时能醒来

12. 假如自己的身体出现不适或重病，你会：
A. 不当回事，等挺不住才去看医生
B. 自己随便找些药服用
C. 认真看医生，了解病情，并得到及时治疗

13. 你度过休闲时光和节假日的方式是：
A. 事先并无打算，凭即兴的方式度过
B. 事先有安排或无安排兼有
C. 事先有安排，例如买好电影票、戏票，或者计划好逛公园、会朋友等

14. 空闲时，你是否经常和朋友侃大山？
A. 经常这样，并感到很愉快
B. 从来没有
C. 偶尔一次

15. 接待来访客人、会见朋友，对你来说意味着：
A. 增加不快和烦恼
B. 浪费时间
C. 增进了解，活跃生活

评分标准

题号 选项 得分	1	2	3	4	5	6	7	8	9	10	11	12	13	14	15
A	1	5	5	5	5	3	1	5	1	3	1	5	5	1	5
B	3	3	1	3	3	1	3	3	3	1	3	3	3	5	3
C	5	1	3	1	1	5	5	1	5	5	5	1	1	3	1

测试结果

15～30分：生活方式科学健康，你能巧妙地安排生活，这对你从事的工作、学习都会产生积极的影响。健康合理的生活方式使你精力充沛，并使你的生活丰富多彩。

31～60分：生活方式尚好。你初步掌握了安排生活的艺术，在一般情况下，能轻松自如。但是在生活紧张、情绪不佳时，就会出现手忙脚乱的情况。要想使自己精力更充沛，更能适应高效率的学习和工作，应对生活方式做些调整。

61～75分：生活方式落后，你可能认为生活的艺术性对你无关紧要，因为你自认为目前生活得还不错。实际上，你的身心健康已受到伤害，对此毫无觉察是因为你占有年龄的优势。因此，应尽早纠正不良生活习惯，使自己将来生活得更幸福。

心理视点

一个人的身心是否健康和他的生活方式密切相关，好的生活方式可以使人健康地生活。可以说，科学的生活方式是保证一个人身心健康的重要条件，它至少涉及以下8个因素：

（1）饮食。人们需要适度的营养和饮食平衡以求真实良好的健康状况。多吃少吃、挑食偏食对身体都是有害的。应该力求做到营养专家所提倡的平衡膳食。

（2）睡眠。高质量的睡眠会使你白天精力充沛。

（3）卫生。讲究卫生，将会提高身体抵抗力，预防各种疾病和意外伤害发生，抵抗各种有害细菌的入侵，确保我们的身体健康。

（4）药物。应在医师指导下用药，不可自己随便用药。要注意用药时的禁忌，还要防止对药产生依赖性。

（5）锻炼。通过体育锻炼，可以增强人的体质，提高人的免疫力，使我们有足够的体力与精力去学习。因此，应坚持进行体育锻炼。

（6）工作与休闲。热爱工作和学习会使大脑更健康。同时又要会玩，有一定的休闲活动，使身心得到积极休息，一张一弛会使身心更健康。

（7）精神。要保持良好的精神状态，乐观向上将会使你的生活充满阳光。

（8）社交。要能积极参加社交活动，与人友好和谐相处往往使人健康长寿。

你用脑卫生吗

测试导语

每天我们都用大脑来思考问题，用脑卫生是必须要注意的，生活中的你用脑卫生吗？请根据你的实际情况，做出"是"或"否"的回答。

测试开始

1. 你不抽烟吗？
2. 你家里人不抽烟吗？
3. 你不喝酒吗？
4. 你曾好几次喝醉吗？
5. 你没有午睡的习惯吗？
6. 你爱生闷气吗？
7. 你喜欢运动吗？
8. 你通常都在固定的时间睡觉，并在固定的时间起床吗？
9. 你每天的睡觉时间都不少于 8 小时吗？
10. 你工作时思想经常开小差吗？
11. 在紧张工作之余你一般都走出办公室望望远处或活动活动身体吗？
12. 你做广播体操认真吗？
13. 你是否每天都冥想 3 ~ 5 分钟？
14. 星期天你常常睡到中午才起来吗？
15. 在冬季，你很少进行室外活动吗？
16. 晚上长时间看书，你总要在中途抽出一些时间休息或活动一下身体吗？
17. 除了看书之外，你没有其他业余爱好吗？
18. 你经常开车到深夜吗？
19. 晚上睡得迟时，你吃一些点心吗？
20. 你常常在一种讨论学习的氛围中开始学习吗？
21. 你晚上一般都是紧闭门窗睡觉吗？
22. 你喜欢经常与人讨论一些问题吗？
23. 你常吃一些蛋白质含量较高的食物吗？
24. 你对前途有美好的憧憬吗？
25. 你喜欢解难题吗？
26. 你做任何事情，无论是否喜欢，都能集中注意力吗？
27. 你喜欢登山、散步之类的野外或户外活动吗？

28. 你对生活充满热情吗？

29. 对于必须完成的事，无论是否喜欢，你都高高兴兴地去做吗？

30. 你喜欢诸如下棋、猜谜之类的智力游戏吗？

评分标准

第1、2、3、7、8、9、11、12、13、15、16、19、22、23、24、25、26、27、28、29、30题答"是"记1分，答"否"记0分。其他各题答"是"得0分，答"否"得1分。各题得分相加，统计总分。

测试结果

0～9分：你很不注意用脑卫生，你的工作效率会因此而降低。如果你不改变这种状况，你的心理会很快地衰老，这对你的智力、潜能的开发，将是非常不利的。

10～20分：你的某些习惯不符合大脑卫生的原则，建议改正。

21～30分：你属于比较讲究用脑卫生的一类人。你在愉快的情绪中生活，你的大脑也在富有成效地正常运转。在学习活动的促进下，你的智力、潜能还会得到进一步发展。

心理视点

学习和工作，必须有一个健康的大脑。因此，用脑时要注意以下3点。

（1）加强体育锻炼，注意劳逸结合。每天最好坚持1小时的体育锻炼。另外坚持做到有8～9小时的充足睡眠。此外，在脑力紧张之余，可以做些散步、聊天等轻微的活动以松弛大脑，这也是另一种形式的休息。

（2）养成有规律的生活习惯，调节大脑疲劳。如果我们有规律地安排自己详细的生活作息时间表，并坚持成为习惯，那么工作效率将会大大提高。

（3）要注意为大脑提供充足的氧气，要防止有害物质以及不良情绪损害大脑。

你是否有骨质疏松的危险

测试导语

为帮助人们判断自己是不是骨质疏松的潜在患者，国际骨质疏松基金会设计了"1分钟风险测试"。通过这个测试便可得知你是否骨质疏松了。

✎ 测试开始

1. 你的父母有没有轻微碰撞或跌倒时就会发生髋骨骨折的情况？
2. 你是否曾经因为轻微的碰撞或者跌倒就会伤到自己的骨骼？
3. 你经常连续3个月以上服用"可的松"、"强的松"等激素类药品吗？
4. 你的身高是否降低了3厘米？
5. 你经常过度饮酒吗？（超过安全限度）
6. 你每天吸烟超过20支吗？
7. 你经常患痢疾腹泻吗？（由于腹腔疾病或者肠炎而引起）
8. 女士回答：你是否在45岁之前就绝经了？
9. 女士回答：你曾经有过连续12个月以上没有月经吗？（除了怀孕期间）
10. 男士回答：你是否患有阳痿或者缺乏性欲这些症状？

📋 测试结果

如果您有任何一道问题的答案为"是"，表明就有患上骨质疏松的危险，应当咨询医生是否需要进一步的检查或治疗；如果您的答案有相当一部分或者全部为"是"，说明您有可能已经患有骨质疏松症，有必要去医院做进一步的检查。

🔒 心理视点

预防该病发生是延缓骨质疏松发展的最好方法，措施包括在青少年时期应获取最高骨峰值，戒除烟酒，治疗相关疾病，建立起良好而有规律的生活方式。更年期是骨量丢失期的高峰，发现有病也不可惊慌，应采取相应的干预措施，以延缓或停止骨量继续丢失，降低骨折的危险度。

合理治疗、恢复体能是最佳途径。骨质疏松症的治疗方法并非医学界的难题，中老年人尤其是患有此病的患者如能坚持做到以下几点，病情就会大大缓解或恢复体能。首先，应保持足够的体力活动。至少坚持每天30分钟，每周3～5次的体育锻炼。还要尽量从食品中补充钙质，扩展食物种类，多食含钙食物，如菠菜、韭菜、蘑菇、动物肝脑、鱼类、骨汤、牛奶等。其次，补充维生素D，多晒太阳促进钙质吸收；使用药物降钙素或双膦酸盐以抑制破骨细胞活性，抑制骨吸收，对绝经后的妇女，还可采用激素替代疗法，补充雌激素，防止骨量丢失。

你会得老年痴呆症吗

测试导语

痴呆是大脑老化、萎缩、大脑皮质高级功能广泛损害所致的智能障碍。当一个人健忘即丢三落四变得频繁时，往往就会担心自己大脑是不是开始老化迟钝了，发展下去会痴呆。日本专家吉泽勋先生在多年临床经验和各种调查的基础上，制定了一种简易的"痴呆预知自测法"。只需对下面的问题回答"是"或"否"即可。

测试开始

1. 几乎整天和衣躺着看电视。
2. 什么兴趣爱好都没有。
3. 没有一个可以亲密交谈的朋友。
4. 平时讨厌外出，常闷在家里。
5. 没有属于自己的工作或在家庭中不起什么作用。
6. 不关心时事，不读书也不看报。
7. 觉得活着没什么意义。
8. 身体懒得动，无精打采。
9. 讨厌说和听玩笑话。
10. 有高血压或低血压。
11. 平时尽发牢骚或埋怨。
12. 将"想死"作为口头禅。
13. 被人说成神经过敏，过分认真。
14. 对事情过分忧虑。
15. 经常焦虑，易发脾气。
16. 对任何事情都不会激动，无动于衷。
17. 什么事若非亲自动手，便不放心。
18. 不听别人的意见，固执己见。
19. 沉默寡言。
20. 配偶去世已有 5 年以上。
21. 不轻易对人说"谢谢"。
22. 老讲自己过去值得自豪的事。
23. 对新的事物缺乏兴趣。

24. 任何事都要以自己为中心，否则心里不舒服。

25. 对任何事都缺乏耐心。

评分标准

答"是"得1分，答"否"得0分。

测试结果

15～25分：你将来患痴呆症的可能性就极高。

8～14分：你应及时引起重视。

1～7分：你暂且可以放心，但也不能麻痹大意。

心理视点

吉泽勋先生强调：老年痴呆症是各种因素共同作用的结果。尤其因为退休、配偶的去世，感到生活没有意义等等造成的"失落感"是一不可忽视的原因。他忠告大家：为了不至于痴呆，对生活要充满热情，要有信心；不要丧失经常向一切事物进行"积极地挑战"的精神；每天保持适度的紧张感，即有所事事。

你得癌症的可能性有多大

测试导语

"癌症"是一个非常恐怖的字眼，因为它会夺去人的生命，其实这种疾病完全可以预防，只要改变你的生活方式。下面这个测试将测出你有多大的致癌危险，请根据自己的生活实际答"是"或"否"。

测试开始

1. 你不吸烟，忌食高盐、腌制品及含亚硝酸盐高的食物吗？

2. 你食用充足的蔬菜及其它富含纤维素的食物吗？

3. 你知道癌症的警告信号吗？

4. 如果你年过四十，或你的家庭成员曾得结肠癌，是否做过常规的直肠检查？

5. 你避免使用家庭太阳灯把自己晒成褐色吗？

6. 你是否采用低脂饮食？

7. 你戒烟或不使用任何形式的烟草吗？

8. 你控制酒的饮用量吗？

9. 你在阳光下戴防护性的太阳镜吗？

10. 如果你是男性且年过四十，你是否做定期的前列腺检查？

11. 你是否采用平衡的饮食，包括适量的维生素 A、维生素 B、维生素 C？

12. 你保护你的皮肤不被太阳暴晒吗？

13. 如果你的工作使你暴露于石棉、辐射、镉或其他环境公害中，你经常做检查吗？

14. 如果你是女性，你是否做过例行的巴氏实验及骨盆检查？

15. 你是否有烧伤疤痕或慢性皮肤感染的经历，你是否经常做检查？

16. 如果你是男性，你经常进行睾丸的自检吗？

17. 如果你是女性，你每月检查你的乳房是否有肿块吗？

评分标准

答"是"得 1 分，答"否"得 0 分。

测试结果

15 分及以上：患癌症的可能性很小。

11~14 分：有可能患癌症，要注意改善自己的生活方式。

10 分及以下：要提高自己的警惕，改善自己的生活方式，定期检查，否则很容易患癌症。

心理视点

医学专家指出，1/3 癌症可以预防，1/3 癌症如能及早论断，则可以治愈。因此自我检查就显得十分重要了。如有以下 7 种信号的任何一种，要引起高度重视。

（1）大小便习惯的改变。

（2）久不愈合的溃疡。

（3）不正常的渗血或流血。

（4）乳房、睾丸或其他部位的增生或肿块。

（5）消化不良或吞咽困难。

（6）疣或痣的明显改变。

（7）使人烦恼不已的咳嗽或嘶哑。

你处于亚健康状态吗

测试导语

世界卫生组织指出：21世纪威胁人类健康的头号杀手是生活方式病，尤其是它的前奏——亚健康。

亚健康越来越被人们所重视，如何判断自己是否处于亚健康状态，下面的小测试将告诉你答案。

测试开始

1. 早上起床时，常有头发掉落。
2. 感到情绪有些抑郁，会对着窗外发呆。
3. 昨天想好的事，今天怎么也记不起来了，而且这些天来，经常出现这种情况。
4. 害怕走进办公室，觉得工作令人厌倦。
5. 不想面对同事和上司，有孤独症趋势。
6. 工作效率下降，上司对你不满。
7. 工作1小时后，身体倦怠，胸闷气短。
8. 工作情绪始终无法高涨。最令自己痛苦的是常有无名之火，却又无处发泄。
9. 一日三餐，进餐甚少，排除天气因素，即使口味非常适合自己的菜，近来也经常味同嚼蜡。
10. 盼望早早地逃离办公室，为的是能够回家，躺在床上休息。
11. 对城市的污染、噪声非常敏感，比常人更渴望能在清幽、宁静的环境休息身心。
12. 不再像以前那样热衷于朋友的聚会，有种强打精神、勉强应酬的感觉。
13. 晚上经常睡不着觉，即使睡着了，又老是处在做梦的状态中，睡眠质量很糟糕。
14. 体重有明显的下降趋势，早上起来，发现眼眶深陷，下巴突出。
15. 感觉免疫力在下降，春、秋季流感一来，自己首当其冲，难逃"流"运。
16. 性能力下降，妻子（或丈夫）对你明显地表示了性要求，但你却经常感到疲惫不堪，没有什么欲望。妻子（或丈夫）甚至怀疑你有外遇了。

评分标准

答案\得分 题号	1	2	3	4	5	6	7	8	9	10	11	12	13	14	15	16
是	5	3	10	5	5	5	10	5	5	5	5	2	10	10	5	10
否	0	0	0	0	0	0	0	0	0	0	0	0	0	0	0	0

测试结果

如果你的累积总分超过 50 分：就需要坐下来，好好地反思你的生活状态，加强锻炼和营养搭配等。

如果累积总分超过 80 分：建议你赶紧去医院看医生，调整自己的心理，或是申请休假，好好地休息一段时间。

心理视点

亚健康即指非病非健康状态，这是一类次等健康状态，是介于健康与疾病之间的状态，故又有"次健康"、"第三状态"、"中间状态"、"游移状态"、"灰色状态"等称谓。

要摆脱亚健康的困扰，人们应当做到以下几点：

（1）保证合理的膳食和均衡的营养。其中，维生素和矿物质是人体所必需的营养素。

（2）人体不能合成维生素和矿物质，而维生素 C、维生素 B 等对人体尤为重要，因此每天应适当地补充维生素片。

（3）调整心理状态并保持积极、乐观。

（4）及时调整生活规律，劳逸结合，保证充足睡眠。

（5）增加户外体育锻炼活动，每天保证一定的运动量。

你是否面临肥胖危机

测试导语

随着生活水平的提高，人们的营养状况得到改善，"发福者"日渐增多，"肥胖大军"迅速崛起。你是不是其中的一员呢？根据你的实际情况回答下列问题，只需回答"是"或者"否"即可。

测试开始

1. 现在的体重是否超出标准体重的 10% 以上？

2. 家人是否多有发胖现象？

3. 健康状态是否不尽理想，有某些内分泌疾病以及性激素不平衡等现象？

4. 如果本身长期服药，是否不太清楚自己吃的是什么药？

5. 是否因太忙而有一餐没一餐的，经常中餐没吃就直接吃晚餐，或根本不吃早餐？

6. 是否偏爱酥脆食物？

7. 吃肉时是否连皮一起吃？

8. 是否一天中有 2/3 的摄食机会是在外面解决的？

9. 工作时是否长期坐着不动？

10. 开车族是否多将汽车停在距目的地百步之内，搭车族下车地点是否多距目的地在百步内，因而减少走路机会？

11. 是否习惯一下班回家就坐下来吃饭或看电视，然后一直坐到睡觉时间？

12. 是否每周运动少于两次（每次至少 40 分钟），或每周运动时间不足两小时？

13. 自己或亲友是否经常以吃大餐作为庆祝特别节日或成就的唯一方案？

14. 是否会因身材压力而变得害怕吃东西，甚至对于吃任何东西都有严重的罪恶感？

15. 自己有时又会因心情极度低落而不断地吃，似乎永远没有饱的感觉？

测试结果

以上 15 个问题，如果你回答"是"的超过 7 个，就表示你正面临肥胖的危机；如果回答"是"的多于 10 个，那么，不但你的肥胖危机难以解决，还可能面临持续不断胖下去的严重后果。

心理视点

大多数人是以美学的观点关心自己的体重，而医学界已清楚地认识到肥胖是健康和生命的最大威胁。国际肥胖特别工作组指出，"肥胖将会成为 21 世纪威胁人类健康和生活满意度的最大敌人"。因为肥胖可导致高血压、糖尿病、心脏病、癌症、胆囊炎、关节炎等一系列疾病，直接影响人群的死亡率。医学专家认为，减肥其实是很简单的事情，通过饮食、运动和药物等综合防治可以收到满意的效果。

第二章

你不一定完全了解自己

你的心理年龄有多大

💬 测试导语

　　人的心理年龄与其实际年龄并不总是一致的。有的人年纪轻轻，心态却十分保守，一副老气横秋的样子；有的人虽已近知天命之年，却总是充满朝气，心态积极乐观，性格开朗。

　　不妨测试一下你的心理年龄。每道题有3种答案：是、否、中间。选择适合你的答案。

✏️ 测试开始

1. 下决心做某事后便立刻去做。
2. 往往凭经验办事。
3. 对任何事情都有探索精神。
4. 说话慢而且唆。
5. 健忘。
6. 怕烦心，怕做事，不想活动。
7. 喜欢计较小事。
8. 喜欢参加各种活动。
9. 日益固执起来。
10. 对什么事情都有好奇心。

11. 有强烈的生活追求。

12. 难以控制感情。

13. 容易嫉妒别人，易悲伤。

14. 见到不合理的事不那么气愤了。

15. 不喜欢看推理小说。

16. 对电影和爱情小说日益失去兴趣。

17. 做事情缺乏持久性。

18. 不愿意改变旧习惯。

19. 喜欢回忆过去。

20. 学习新鲜事物感到困难。

21. 十分注意自己身体的变化。

22. 生活兴趣的范围变小了。

23. 看书的速度加快。

24. 动作不够灵活。

25. 消除疲劳感很慢。

26. 晚上不如早晨和上午头脑清醒。

27. 对生活中的挫折感到烦恼。

28. 缺乏自信心。

29. 难以集中精力思考。

30. 工作效率低。

评分标准

答案\\得分 题号	1	2	3	4	5	6	7	8	9	10	11	12	13	14	15	16	17	18	19	20	21	22	23	24	25	26	27	28	29	30
是	0	2	0	4	4	4	2	0	4	0	0	0	2	2	2	2	4	2	4	2	2	2	2	2	2	2	2	2	2	2
否	2	0	4	0	0	0	2	0	2	4	2	0	0	0	0	0	0	0	0	0	0	0	0	0	0	0	0	0	0	0
中间	1	1	2	2	2	2	1	1	2	1	2	1	1	1	1	1	2	1	2	1	1	1	1	1	1	1	1	1	1	1

把各题自己的得分相加，算出总积分，再根据总分查出自己所属的心理年龄范围。

测试结果

分数	75分以上	65～75分	50～65分	30～50分	0～30分
心理年龄	60岁以上	50～59岁	40～49岁	30～39岁	20～29岁

心理视点

　　心理年龄与一个人的实际年龄的关系往往也有以下几种情况：（1）心理年龄与实际年龄一致：心理状况与实际年龄基本符合，即该年龄应当显示出如此的心理水平。两龄一致者，其心理健康水平一般；（2）心理年龄低于实际年龄：处于此种情况的人，其心理健康水平较高，但这种"低"在一定范围内才是好的，如果过"低"，则并非心理健康的表现；（3）心理年龄高于实际年龄：处于此种情况的人，其心理健康水平较差，且心理年龄愈"高"则心理健康状况愈差。由上可见，一个人为了增进与保持心理健康，就必须了解自己的心理年龄，以便针对实际情况，采取相应对策。

寻找自己身上的缺点

测试导语

　　金无足赤，人无完人。每个人都有自己的优点和缺点。如果过分在乎缺点，就会使一个人失去信心；但如果不客观地找出自己的缺点，又难以全面了解自己。下面这个测试将帮助你找到自身的缺点。只有克服它们，你才能获得成功。

测试开始

1.当一个朋友系着一条并不太适合他的领带却自我感觉良好地对你说："怎么样，还可以吧！"这时你怎么回答？
A.坦率地表示"不怎么样"
B.笑而不答
C.说"不错"
D.说"不错是不错，不过上次那条更好看"

2.约会时，当他（她）好像很无聊的样子而保持沉默时，你会说：
A."回去吧！"
B."怎么啦？是不是心情不好？"
C."想去散步吗？"
D."无论你想做什么，我都会陪你。"

3.有人恶作剧地在一个男人背后贴了一张写有"混蛋"字样的纸条，那个男人却没注意到，这时你会：

A. 趁他不注意悄悄地把纸条拿下来

B. 充满好奇地跟身边的人说："你看！"

C. 提醒那个男人："脱下你的西服看看！"

D. 不吭声，装作没看见

4. 当你和男（女）友交往时，父亲劝你："不要跟那种男（女）人在一起，赶紧分手！"面对这种情况，你会说：

A. "他（她）是个不错的人，希望爸爸能了解他（她）。"

B. "我也正想和他（她）分手。"

C. "不用你管，我自己会负责。"

D. "好的，我会好好考虑一下。"

5. 请想一想，在你和你3个最优秀的朋友中谁最有魅力并最受异性青睐？

A. 不知道

B. 我是最差劲的

C. 当然是我自己

D. 自己在4人中大概排第3

6. 在婚礼的前一天中午,昔日的男(女)友突然出现,对你说:"我仍然爱着你！"并向你提出重新开始的要求，这时你会：

A. 为难不知所措

B. 答应对方的请求

C. 将其痛骂一顿

D. 断然拒绝

评分标准

　　请统计你在各测验中的选择项，分别算出 A、B、C、D 各选择了几个。选择数目最少的那一种，就是你的类型。但是，如果有两个以上数目相同的话，那就是 E 类型了。

测试结果

　　类型 A：你似乎缺少"同情心"，不论遇上什么事，你总是先为自己着想，而不顾及他人的立场及心情，就是看见别人有困难，你也不会主动地伸出援助之手。在你的心中，自己的事永远都是最重要的，至于他人的事，你根本就不在意。在你的心中一直有个愿望，就是希望别人更关心你。或许是这种期待过于强烈，才使你变得那么冷漠自私吧。

类型 B：你是个不开朗的人。虽然你没有意识到，但因为你的表现和态度，总给人很阴沉的印象，让别人以为你本身有什么问题。这个时候最重要的是让别人了解真相。很会思考的你，可以说是个很认真的人，可是要注意，如果太过严肃，反而不易解决问题。而且一旦真的有事发生，想要帮你的朋友看到你那一副阴沉的样子，大概也会离你而去。所以应该注意，要尽量避免表现得过于严肃、阴沉。生活是美好的，你不妨尝试放松一下。

类型 C：你的缺点就是没有"决心"。你到商场去买东西时，往往看得眼花缭乱，结果却什么也没买成就回家了。由于你爱憎分明，所以想买的东西，能很快地选出来，但是，在付账的过程中，如果你又看到了同样种类的东西，你就会左右为难了。不仅在购物时，在人际关系上，决心也是非常重要的。如果在最后的瞬间你突然产生迷惑、无法决定的感觉的话，这是相当糟糕的事情。

类型 D：你所欠缺的就是"慎重"。不论是在做决定还是购物，你一直都是很冲动的，而且你性情不定、朝三暮四。如果听说有什么特价商品，你很快就会跑去买一大堆并无实际用途的东西回来，而且会很轻易相信别人的推荐、介绍，事后才追悔莫及。不论在什么场合，你总是行动在先而考虑在后，所以每当他人有事求你时，你往往会不假思索地答应下来。如果不准确估计自己的能力，对谁都随便讨好应承，难免有时会失信于人。自己没能力办到的事就不要答应别人，做决定时要慎重一点，这是很重要的。不过像你这样的人朋友很多，如果是女性，往往很受男性青睐。

类型 E：你可能是个想得多却做得少的人。你常会左思右想，结果却什么都没做。由于过分考虑事情的结果以及旁人的看法，所以你常常会缺少行动的勇气。你有很好的判断力和构想，但真正遇上问题时，却无法发挥出来，而且你做事时选择的方法也不对。由于你太理想主义了，所以常常会脱离实际。在生活中，你应该更自信些，不要胆怯和畏惧。

心理视点

"知人者智，自知者明。"一位伟大的商业领袖说过：杰出的领袖、成功的人和成功的企业都是一样的，他们知道别人的优点，也知道自己的缺点，并且可以克服自己的缺点。有缺点并不可耻，隐藏自己的缺点，不能与合作者彼此了解，这才是真正的可耻。世上没有十全十美的人，最重要的是我们要清楚自己的缺点与不足，并能积极发挥长处，扬长避短，克服自身的弱点。

"决定木桶盛水多少的不是最长的那块木板，而是最短的那一块。"这是著名的木桶理论。你是否用它来警示自己，促使自己改正缺点呢？

从笑容看出你的心机

测试导语

每个人都有不同程度的心机，那么自己的心机在众人中是重还是轻呢？做完下面的测试便知道答案了。

测试开始

有一个小朋友，他在上语文课时，突然很想上厕所，便举手和老师说："老师，我要大便！"老师非常生气地说："不可以用这么粗俗的字眼，不准去！"就命令他坐回去，可是那名小朋友还是憋不住，只好又举手说："老师，我的屁股想吐！"看到这里，你会怎样笑起来呢？

A.冷笑或是干笑

B.遮住嘴巴笑

C.嘴巴张得大大的，毫不掩饰地笑

D.想憋又憋不住，扑哧地笑了出来

测试结果

A.你很有心机，不管用明用暗，总可以自如地操纵别人，以达成目的，你无时无刻不在观察别人，是个厉害的狠角色。心机指数90%。

B.你是那种宁愿自己生闷气，也不轻易说出来的人。通常会紧闭心灵，却又渴望别人能主动了解自己，为人有点现实且有点固执，一旦心意已决，不管什么人也说不动。心机指数70%。

C.你是很单纯的人，因为你很有担当，不会因为别人而随意更改自己的想法。待人通常两极化，不是极好就是极坏，因为你是个疾恶如仇的人，很难和讨厌的人来往。心机指数40%。

D.你是一个心地善良的人，当他人有困难时，你可以毫不犹豫为他分忧，但是你却是最忽视自我需求的那种人，常可能为了别人而牺牲自己。心机指数60%。

心理视点

做人要有心机，没心机的人就像扛着榆木脑袋的木偶一样，生活缺乏自主，任凭别人的安排和摆布。当然这里的心机不是害人之心，不是处心积虑算计别人之心，不是耍阴谋玩手段的欺诈之心。做人要光明磊落，这样的人才是纯粹的人。相反，专门玩弄权术，坑蒙拐骗，这样的人最终会自食恶果。

心机是从生活中汲取的智慧。没有经历过社会的洗礼、生活的磨砺的人始终淳朴天然，没有丝毫的心机可言。涉世历久，人情世故经历得多了，自然就会产生心机，因此心机也是生活的浓缩和提炼。

你是一个善良的人吗

测试导语

善良是一种人生的境界，是一种对事情的高瞻远瞩，是一种从容的理解，懂得善良的人是高贵而成熟的，那么你是善良的人吗？做完下面的测试就知道了。

测试开始

1. 跟"爱"相称的评价，你认为是下列哪一项呢？

A. 无聊

B. 束缚

C. 感情

D. 信赖

2. 比"家人"更重要的东西，你认为是下列哪一项呢？

A. 自由

B. 恋人

C. 和平

D. 金钱

3. 请想象你的朋友，你觉得跟你这个"朋友"能相称的评析，是下列哪一项呢？

A. 亲切

B. 任性

C. 竞争对手
D. 志同道合的人

4. "工作"能让你联想到的是下列哪一项呢?
A. 成功的机会
B. 有干头，有意义
C. 忠心耿耿
D. 团结一致

评分标准

题号 选项 得分	1	2	3	4
A	4	2	3	1
B	1	3	1	2
C	2	4	2	3
D	3	1	4	4

把各题自己的得分相加，算出总积分。

测试结果

4分以下：你只会关心那些对自己有利用价值的人。

非常遗憾，你基本上是属于那种没有同情心、体贴心的人。凡事容易从自己的角度出发来考虑问题，很少顾及他人的感受。只有在经过考虑之后认为对自己非常有利的情况下，你才会采取行动。生活中，希望你不要忽视别人的立场和心情。一点儿亏都不吃的人，最终会遭到大家的厌弃，你的损失反而更惨重。

5～8分：你对不如自己的人很有同情心。

你的体贴之心只会用在那些明显不如你的人身上。你是不是经常在算计和比较自己与别人的差距？只有当你判断出自己的确比对方优越，你才会对他表现出同情心。这说不上是真正意义上的体贴或同情。你要努力克服这种心态，即使对方是自己的竞争对手，在对方遇到麻烦时，也要一视同仁地给予关心和体贴。只有这样，才能显现出你的坦荡和大度。

9～11分：在自己心情好的时候，你能够对大家怀着一颗体谅的心。

可以说你是一个很体谅别人的人。通常在你情绪正常或者心情很好的情况下，你能对他人非常温柔。但是一旦遇上麻烦，或者倒霉连连时，你就会很烦躁，对他人的体贴之心也就全部抛到九霄云外了。为了不让自身的情绪左右你的行为，为了能始终保持对他人的体谅，你还有必要继续加强修养。

12分以上：你会像爱自己那样去关爱他人，能够为他人考虑。

你心地善良，十分体贴他人。你会设身处地为别人考虑，懂得"己所不欲，勿施于人"的道理。甚至有时你会根据别人的需要，把自己的事情先往后推，积极为别人提供方便。拥有着一颗善良体贴之心的你，一定是被大家所喜爱和拥戴的人吧！

心理视点

生活中，我们每个人都希望受到别人的重视，都希望自己地位突出。如果你对别人表示了足够的关心和帮助，让别人感受到你的善良，那么人们就会对你印象深刻，在提起你的时候就会想道：这个人真善良，特别喜欢关心和帮助别人。

善良是社会道德，是维持生活正常运行的润滑剂。生活需要善良，善良可以使人与人之间充满了依恋与信赖。

你的大脑工作能力如何

测试导语

现实生活中，有的人智商（IQ）很高，但他的社会适应能力和完成任务的能力却不与智商成正比；有的人则是尽管拥有良好的资历，但他却不善于运用自己的大脑。

本题将使你更好地了解自己的大脑工作能力。整个测试由Ⅰ、Ⅱ、Ⅲ、Ⅳ、Ⅴ五个分测验组成。请根据你的实际情况与真实想法,用最快的速度回答"是"与"否"。

测试开始

Ⅰ

1.想干的事情很多，却不能专心于一件事情。

2.刚看完的书（笔记）会重新阅读好几遍。

3.工作（学习）时，很注意周围人的言行举止。

4. 听别人说话时，常常心不在焉。

5. 说话时，有时会无意识地说起其他的事情。

6. 工作（学习）时，常常思绪飞扬，不能专心。

7. 一件事做的时间太长后，就会急躁地希望早点结束。

8. 很难忘记被人指责的情景。

9. 一有担心的事，便整天搁在心上，不能安心工作或学习。

10. 工作（学习）时不能安心，往往急于想干另外一项工作（学习）。

11. 看书学习的时间不能持续两小时以上。

12. 开长会时常常处于半睡眠状态。

13. 工作（学习）时，总觉得时间过得太慢。

14. 有时忙忙活活一天，什么都想干。

15. 在等人时，感到时间长得难熬。

Ⅱ

1. 交往的朋友大多是志趣相投、想法一致的人。

2. 经常注意他人的言行举止。

3. 过去和现在都不曾改变自己的兴趣和爱好。

4. 不愉快的事情发生后久久不能忘却。

5. 与年龄差距大的人共同语言较少。

6. 常常阅读相同性质的图书。

7. 不喜欢受时间表的约束。

8. 一有麻烦难办的事情，总是记挂在心。

9. 一旦改换与平时不同的服装，就会浑身不自在。

10. 自己的性格不适宜做接连不断的工作。

11. 往往执着于无关紧要的琐碎小事。

12. 喜欢把众多的事情集中起来处理。

13. 与性格不同的人不大说话。

14. 不会主动积极地参加会议和文娱活动。

15. 对频繁换乘各种交通工具感到疲倦。

Ⅲ

1. 不喜欢与思考方法、生活方式不同的人一起研究工作。

2. 对新领导不能很快熟悉。

3. 喜欢专心于一项工作（学习）。

4. 不太喜欢托人办事。

5. 不喜欢同时做不同的事情。

6. 不喜欢扩大工作和爱好的范围。

7. 对突发事件不能马上适应。

8. 工作（学习）不按部就班地进行就感到不适应。

9. 他人总说自己是个头脑固执的人。

10. 对中途改变计划的事情很恼火。

11. 不太喜欢耍小聪明。

12. 不太喜欢改变生活环境。

13. 基本上与同一个朋友交往。

14. 不太愿意接受与自己不同的意见。

15. 被吩咐做不想做的事情会束手无策。

IV

1. 经常自己找乐，激发生活情趣。

2. 喜爱唱歌跳舞。

3. 因为容易遗忘小事，养成随时记笔记的习惯。

4. 经常做一些自己所爱好的事情。

5. 从不胸痛和胃痛。

6. 着重记住要紧的事，善于忘记不重要的事情。

7. 即使发生令人头痛的事情也不会感到焦头烂额。

8. 常常把自己的想法说出来。

9. 与人交往时畅所欲言。

10. 能很快入睡。

11. 早晨起来总是精神饱满。

12. 比一般人会寻找生活的乐趣。

13. 对某事发生兴趣后，往往从理论上探讨其原因。

14. 一听到音乐便兴致勃勃。

15. 妥善解决问题后往往有解脱感。

V

1. 呼吸既深又长。

2. 每天进行全身运动。

3. 经常吃豆类、蔬果类食物。

4. 不过量饮酒。

5. 不通宵熬夜或使脑力体力透支。

6. 经常训练记忆而不依赖于记录。

7. 思维清晰，言行果断，不含糊暧昧。

8.每天带着明确目标有计划地工作（学习）。

9.保持精力充沛，精神饱满。

10.睡醒后感觉得到了充分休息。

11.无论何时何地都能做到充分地松弛。

12.不吸烟。

13.平时多吃水果蔬菜，少吃高糖高脂类食物。

14.经常总结并思考问题。

15.经常精神愉快地工作（学习）。

评分标准

以上Ⅰ、Ⅱ、Ⅲ、Ⅳ、Ⅴ 5 个测验测试的目标分别为集中力、转换力、灵敏性、调节性和缜密性。请将Ⅰ、Ⅱ、Ⅲ分测验中回答"否"和Ⅳ、Ⅴ分测验中回答"是"的个数（每个记 1 分）分别累计起来作为得分，在下表中找出大脑工作能力的相应评定。

测验　　　状态　　得分	很差	较差	一般	较好	很好
Ⅰ.集中力	0～3	4～7	8～11	12～13	14～15
Ⅱ.转换力	0～3	3～6	7～9	10～12	13～15
Ⅲ.灵敏性	0～3	4～6	7～9	10～12	13～15
Ⅳ.调节性	0～4	5～8	9～11	12～13	14～15
Ⅴ.缜密性	0～4	5～8	9～11	12～13	14～15

测试结果

本测试得分较低时，并不意味着被测者的大脑功能不行，每个正常人在气质和性格方面都有其特点和长处，最重要的是认清自己的特点，扬长避短。5 个分测验的含义分别如下。

Ⅰ.集中力

8 分以下：缺点是不能集中精力把一件事长久和深入地做下去。优点则是具有出色的接受信息和适应各种工作的能力，对周围的环境的刺激感受性强，对事物的观察范围广、数量多，言行较顾全大局，具有较高的灵活性。因此，在提高集中力的同时，千万不要失去现在所具备的长处。

11 分以上：完成工作的成功率很高，但是，作为团体中的一员，却不擅长与他人一起工作。长此下去，由于灵活性不够，常会缺乏对环境的适应性。因此，全神贯注的时候，也要注意周围环境的变化。

Ⅱ.转换力

7分以下：大多是性格坚韧的人，因为有耐心，无论对什么工作，既然承担了责任，就会做到最后。工作上习惯于"单打一"，注重规则和墨守成规，因而缺乏灵活性；不喜欢变化，能与人保持持久的友情。

9分以上：善于多头出击，灵活应变，思路转换迅速，对一个问题能全方位、多角度地进行分析与判断，具有能同时处理多件工作的广泛适应性。这样的人往往能够很好地应付和处理各种不同性质的事务。

Ⅲ.灵敏性

7分以下：这种人对先前规定好的事情会想尽办法去完成，责任感非常强，极有韧性。一旦由集体决定了的事情，便认真踏实地去履行自己的职责。耿直固执，有着较难相处的缺点。

9分以上：具有灵活、机智的特点，对外界的刺激反应敏锐，行动迅速，具有决断力。不足之处是兴趣容易改变，有时缺乏集中力。要注意的是由于言行多变，容易被人误解为浮躁和意志薄弱。

Ⅳ.调节性

9分以下：很多是性格比较内向的人，性情不够爽朗，缺乏生活情趣，同时喜欢钻牛角尖，死心眼，对己对人求全责备，因而精神往往处于高度紧张状态。责任心很强，无论做什么事，绝不敷衍了事。

11分以上：此类人大脑活动张弛有度，对外界的刺激反应迅速而适宜，有清晰敏锐的判断力，适应性强，即使失败也会迅速改变压抑的情绪，在压力下表现出坚忍不拔的精神。因此，适合做开创性的工作。

Ⅴ.缜密性

9分以下：性格上有自由散漫、不拘小节的一面，很少注意保养身体，缺少节制甚至放纵自己，意志相对薄弱；做事没有周密计划，丢三落四，粗枝大叶，言行轻率。其优点是活泼好动，随和开放，适应环境的能力较强。

11分以上：谨慎、细心、周密，情绪稳定，心态平和踏实，生活讲究规律，工作学习有计划性，懂得劳逸结合，所有的事情都有一定的日程安排，无论工作多么繁重，都会出色地完成。与其他人相比，能够承受工作的压力，往往能高效率地处理好超过自己能力的工作。

心理视点

大脑工作能力集中表现如下：

集中力：在工作、日常生活及学习中，我们往往要预先规定具体的目标，为了实现这些目标，就必须集中大脑的全部机能。大脑集中力的程度如何，是大脑机能是否健全的标准之一。

转换力：每个人都会面临大量的问题，而这些问题未必都能顺利解决，必要时就应该及时转换目标或方法。可以说，处理问题时思维的转换速度和判断的果决与否是衡量大脑转换能力的一个关键。

灵敏性：现代社会整合性、复杂性的提高，需要大脑能做出快速、机动的反应，以适应不断变化的情况，因此大脑的灵敏性非常重要。

调节性：为了有效地运用大脑，必须有节奏地解除大脑的兴奋和紧张，从而使大脑得到间歇性的休息放松，积蓄再生产的能量，以自动地适应任务需要而发挥作用，并保持良好的效率。倘若长时间不能很好地调节大脑的紧张度与松弛度，过度兴奋会导致抑制，神经系统对外界刺激就会产生拒绝反应，即丧失反应能力。能否保持大脑适度松弛和与环境相协调的觉醒程度是衡量大脑调节性的标准之一。

缜密性：大脑工作能力的发挥直接与其生理和心理健康有关，如果保健不当，大脑机能的精确度、缜密性将会下降，甚至衰退老化。

你是一个迷恋过去的人吗

测试导语

你是一个容易忘记过去、对未来充满憧憬的人，还是一个迷恋于过去、整天眷顾过去你自认为美好时光的人呢？做完下面的测试，你就能认清自己这方面的处世哲学了。

测试开始

1. 下面哪种说法最接近你对 1 月 1 日的想法？
A. 年复一年，日复一日
B. 时间过得太快，自从去年 1 月 1 日到现在，根本就不像过了 12 个月
C. 我应该为今年制定新计划了

2. 如果在一个地方幸福地居住了很多年，这种愉快的回忆是否会妨碍你搬迁到新的地方去住？
A. 是的
B. 很大程度要看搬到什么地方去
C. 不会

3. 如果有人严重地伤害了你，你会原谅他吗？
A. 不会
B. 不会，除非我能抚平创伤
C. 忘记他们，而不是原谅

4. 你是否时刻关注各种最新的技术？
A. 不是
B. 某种程度上是这样
C. 是的

5. 那些看似复杂的新技术是否会让你感到恐惧？
A. 是的
B. 让我感到无所适从，而不是吓倒我
C. 不会吓倒我，但是有时我必须马不停蹄地去掌握这些新技术

6. 以下哪种说法最能代表你对变化的态度？
A. 我憎恨变化
B. 我不是特别地喜欢变化，但接受变化的确是不可避免的
C. 我丝毫不为变化而担忧

7. 你是否喜欢故地重游，并且想起愉快的过去和老朋友？
A. 经常
B. 偶尔
C. 没有或者很少

8. 你是否经常培养新的兴趣爱好？
A. 不是这样，我现在的兴趣爱好都是多年前留下的
B. 不完全这样，尽管有时我会对新事物感兴趣
C. 是的，我认为我经常会转向新事物

9. 当晚上与你最亲近、最亲密的人在一起聊天时，你们是喜欢回忆过去，还是展望未来？
A. 回忆过去
B. 两者差不多
C. 展望未来

10. 多年以来，你的偶像一直都是同一个人吗？

A. 是的

B. 是的，尽管我还有一些别的偶像

C. 不是

11. 你是否认为学生时代是你人生中最快乐的一段时光？

A. 是的

B. 不一定，尽管学生时代有很多愉快的回忆

C. 不是

12. 你认为下面哪一项是你最大的优点？

A. 有组织性

B. 负责

C. 精力充沛

13. 你更喜欢看的电视节目是老片重播，而不是新片，对吗？

A. 是的

B. 有时

C. 不

14. 你喜欢现在的流行音乐吗？

A. 理所当然

B. 与今天的音乐相比，也许我更喜欢某个特定年代的音乐

C. 不

15. 下面哪个对你最重要？

A. 过去

B. 现在

C. 将来

16. 以下哪个对你最重要？

A. 充实而稳定的家庭生活

B. 最大限度地实现人生价值

C. 不断地充实自己的思想，以释放最大的潜能

17. 你是否拥有个人主页？

A. 没有，也不打算拥有

B. 没有，但我不排除将来可能会有

C. 是的

18. 你对服装的新款式有什么想法？

A. 没什么想法

B. 我想有些款式会很好

C. 大多数都不适合我，但我喜欢看见别人穿上漂亮的流行款式

19. 你喜欢收藏东西吗？

A. 是的

B. 也许

C. 不是

20. 你每年都去新的地方度假吗？

A. 不，我几乎每年都去同一个地方

B. 不是每年，我们有好几个不同的地方可供选择，我们轮换着去这些地方

C. 通常是这样

21. 你是否拥有一台个人计算机？

A. 没有，而且也不打算买

B. 没有，但我希望将来能够拥有一台

C. 是的

22. 你是否认为会有那么一天，你什么都不用干，就等着养老？

A. 是的

B. 可能

C. 不

23. 你很容易从个人不幸中解脱出来吗？

A. 根本就不容易，事实上那是一个漫长而困难的过程

B. 我尽可能快地解脱自己，尽管没有人能够从个人的不幸和痛苦中完全解脱

C. 这不容易。但是，我会尽量将它抛到脑后，并且尽可能快地继续走好自己的路

24.你对于自己所在的公司不断引进新技术有什么感想？

A.多少有些担心，因为我对自己已知的东西更有信心

B.我知道在当今社会，这是保持竞争力所必需的，但有时会担心自己不能适应这些新技术

C.坦率地说，我很喜欢接受这种令人兴奋的新挑战

25.你是否精通了某一项技术，甚至可以很清楚地向别人演示如何使用它？

A.没有

B.偶尔

C.经常

评分标准

A得0分，B得1分，C得2分，最后汇总得分。

测试结果

低于25分：你的得分表明你对待变化的态度是消极的，并且对按照变化的进展速度向前展望没有兴趣。这些迹象还说明你对新技术不感兴趣，这可能是因为你对自己掌握这些技术感到信心不够。你可能是那种多愁善感者。你回忆得最多的可能是你人生正在向好的方向发展的那段时间。

25～39分：过去的记忆和经历构成了现在的你。正是这种过去让我们能够成为现在的自己，并且成为我们构建未来的基础。虽然你的得分表明你是那种向前看，为将来做计划，同时保持与新技术同步的人，但是你同样也乐于回忆过去的时光。你属于比较乐观的那种人，你不恐惧变革以及由于变革所带来的必然挑战和技术创新。你对未来持乐观态度，但同时也带有怀旧情绪。

40～50分：你的得分表明你是那种朝前看的人，绝对不是一个怀旧者。无论你现在的年龄有多大，你都会一直关注着前方的路，为将来着想并做相应的准备。变化对于你来说不是什么太坏的事情，事实上，你正对可以不断计划未来感到庆幸不已，并且为未来可能出现的机会而感到欣慰和兴奋。你对新技术充满兴趣，并且希望了解所有正在进行的技术发展情况，你不甘落后于时代。当然，由于现代化的科技日新月异，大多数人都难免会落后于最先进的设备和技术。因此，如果你突然发现自己忽视了某些最新的技术发展时，你不必为之感到沮丧。你的处世哲学是永远向前看，永不回头，无论多大年龄，都应当一往无前。

心理视点

本杰明·富兰克林曾经说过，人生只有两件事情是确定无疑的，那就是死亡和纳税。如果他能活到现在，他可能还会加上一条，那就是变化。变化总是不可阻拦的。但是，与过去相比，今天人们在生活方式、人生观、价值观以及技术方面的变化比以前任何时代都要快得多。我们既可以抵制变化，使自己成为恋旧的人，也可以欢迎变化，并且跟随变化不断向前发展。我们要选择做后者，以乐观的态度展望未来。

你在哪方面最输不起

测试导语

有没有问过自己，什么是你一生最输不起的事情？感情？事业？还是金钱？如果你还不清楚自己在哪方面最输不起，就让这个测试告诉你吧！

测试开始

假设你参加聚会时，有人在不停地大声笑闹，你的反应会是什么？
A. 懒得理会
B. 酸酸地说上几句
C. 坐在自己位置上，大声训斥几句
D. 摆出一张臭脸

测试结果

选 A 的人：你在"金钱上"最输不起。这类型的人很爱自己，觉得生活要有品位，而且要有质量，不喜欢装穷。你觉得人生苦短，为什么要让自己过得这么不舒服，所以尽量让自己好一点，对家人好一点，让生活质量维持得很好。

选 B 的人：你在"感情上"最输不起。这种类型的人内心非常脆弱，有自知之明，知道自己如果在感情上受到伤害的话，可能要花很长的时间让自己恢复疗伤，所以当他发现和另一半有感情裂痕的时候，他会赶快分手，这样他的疗伤期就可以变短。

选 C 的人：你在"工作上"最输不起。这类型的人很喜欢享受工作上的成就感，例如掌声、收入对他来说非常重要，所以只要他下定决心就可以做到最好，如果有人扯他后腿会让他非常不高兴。

选D的人：你对"任何事"都输不起。这类型的人好面子，他觉得自己的尊严很重要，自尊心非常强，如果别人的挑衅让他感到受不了，他反扑的力气会让人吓一大跳。

🔒 心理视点

在金钱上最输不起的人，是一种追求物质生活的人，一旦没有了太多钱，就会陷入一种恐慌状态，所以奉劝这种人，要合理挣钱、花钱。

在感情上最输不起的人，是一种感性化的人，这种人容易感情用事，心思细腻，把很多精力都放在感情上。建议你在处理感情问题上要果断，人生除了感情之外，还有很多东西需要你去珍惜，需要你去做。

在工作上最输不起的人，是很有事业心的人，他把工作、事业当成人生的中心并为此付出毕生精力，建议这种人在追求事业成功的同时千万别把生活撇在一边，请协调好生活与事业的关系。只有生活与事业都成功的人才会活得更精彩。

任何事都输不起的人，经常处于高度紧张的状态，奉劝这种人要放松自己，生活其实是简单而快乐的。

你的优点在哪里

💬 测试导语

每个人都存在着优点和缺点。缺点容易被注意到，而优点却被忽视掉了。只要能找出自己被隐藏的优点，并且将它无限扩大化，那么你的优点就能表现出来，被大家了解到。以下测试将发现你的优点，记得要好好把它发扬光大。

✏️ 测试开始

下面有6种状况设定，请从中选择一种你觉得最无法忍受的。

A. 虚伪做作

B. 对老人跟小孩不友善

C. 不遵守约定

D. 欺负小动物

E. 混黑道

F. 欺善怕恶

测试结果

A. "诚实" 必胜：诚实、正直是你最大的特色。你反对用谎言来包装自己，希望以真实的自我来获得他人的肯定。你那表里如一的坚持，会让大家对你的信任感与日俱增。

B. "同情心" 必胜：你的同情心非常旺盛，看到需要帮助的人和事，就会忍不住想要贡献自己的力量。拜你所赐，许多人都是因你而获得无上的快乐，这个社会也因你变得更祥和。

C. "责任感" 必胜：你非常注重人与人之间的信赖，会努力遵守约定，答应别人的事也一定会做到，就算发生麻烦也会尽力解决。这样的你，当然是大家最欣赏的人。

D. "正义感" 必胜：即使要你牺牲自己，你照样会义无反顾地选择仗义执言。因此，你的正义感总是为你带来许多的友谊。你那铲奸除恶的精神更会为你赢得众人的赞赏与信赖。

E. "同情心" 必胜：你总是可以设身处地地为周围的人着想，你的协调能力、自我约束能力都很强。跟你相处，大家总是无后顾之忧，你的善解人意更让人时时刻刻都想亲近你。

F. "耐力" 必胜：你是属于 "路遥知马力" 的类型。年纪越大，你的这项优点就越会获得赞扬。你总是默默地耕耘，把一件很难的任务顺利完成，大家都会对你十分敬佩。

心理视点

安东尼·罗宾说："你除了拥有你的优点外，你不可能再拥有别的什么了，你的优点是你成功的要素和主力。"所谓优点是指任何你能运用的才干、能力、技艺与人格特质。这些优点是你能有所贡献、能继续成长的要素。所以我们要善于发现自己的优点，并强化自己的优点，使其更好地为自己的发展服务。

第三章

发现你不一样的个性

你是一个双重性格的人吗

测试导语

　　有时候人们并不能意识到自己是否具有双重性格，就像《魔戒》里面的"咕噜"一样，在内心深处还有另外一个"自己"，时不时就蹿出来，以至于有时候自己都不清楚究竟干了些什么，这就是双重性格在作祟！那么你想知道自己是否具有双重性格吗？测试一下吧。

测试开始

1. 你属于下列哪一个星座？

A.摩羯座、水瓶座、巨蟹座或双子座——请回答第 2 题

B.金牛座、射手座、狮子座或处女座——请回答第 3 题

C.天蝎座、双鱼座、白羊座或天秤座——请回答第 4 题

2. 你是一个健谈的人吗？

A.是——请回答第 3 题

B.否——请回答第 4 题

3. 你比较喜欢跟家人还是跟朋友在一起？

A.家人——请回答第 4 题

B.朋友——请回答第 6 题

4. 你想创业吗？

A. 想——请回答第 5 题

B. 不想——请回答第 7 题

5. 电影上出现床上亲热镜头，你会感觉不雅观吗？

A. 会——请回答第 6 题

B. 不会——请回答第 7 题

C. 若不是三级电影便不会——请继续回答第 8 题

6. 你觉得时间过得很快吗？

A. 是——请回答第 9 题

B. 否——请回答第 8 题

7. 你最憎恶的是下列哪一个？

A. 战争——请回答第 8 题

B. 不满意的工作——请回答第 9 题

C. 不满意的家庭生活——请回答第 10 题

8. 你认为来自不同圈子的朋友能愉快地聚会吗？

A. 能够——你属于 B 型

B. 不能够——请回答第 10 题

9. 你会为名利权位，刻意讨好上司或朋友吗？

A. 是——你属于 A 型

B. 否——你属于 B 型

10. 你认为朋友比家人更重要吗？

A. 是——你属于 D 型

B. 否——你属于 C 型

测试结果

　　A 型：你是一个有着双重性格的人。你可以在某些人面前表露你的一种性格特质，但又可以在另一个环境或场合中表露另一种性格。你是一个很有心机的人，而且计划周详，别人对你感到难以揣测。

B型：你是一个有着双重性格的人。你懂得在不同的场合和不同的生活圈子中表露最适合自己的一面，但却不会过分矫揉造作。事实上，你不会为了讨好别人而刻意地收敛或夸张自己的特质。

C型：你不是一个有双重性格的人。你不会为了讨好别人，或为了迁就环境而刻意表露某种性格。也不懂得"说一套，做一套"和"笑里藏刀"等伎俩，是一个十分率直诚实的人。

D型：你没有双重性格的特征。你的过分率直，更令人感到你的可爱和易于亲近；对于朋友，你绝对是一个十分讲义气、助人后不会计较的人。不过，你却要小心别人欺骗你。

🔒 心理视点

性格是心理的外在表现。一个人的心理表现同时具备多个"单元"，如勇敢、温柔等；每个单元又由"正"与"反"两个方面组成，如勇敢的反面是懦弱，温柔的反面是粗暴。通常情况下，这两个方面会有一面呈现出相对强势，这就是我们称之为性格的东西。

因为心理表现单元具有两面性，所以，具有明显性格特征的人，在少数或非常时候，也可能有不同平常的或者说与平常相反的心理表现。如，一个温柔的人被纠缠得急了，也会表现出其性格粗暴的一面，只是这一面在平时不是强势面罢了。

如果心理表现单元的两个面相对均势，就会表现出比如"不冷不热"和"时冷时热"的性格特征，后者大概就是所谓的双重性格了。双重性格应该是意识清楚的结果，否则，就是精神失控，那就不是双重性格问题了，而应该被送到精神病医生那里看看了。

海上奇遇测试性格缺陷

💬 测试导语

在人际交往中，你知道你的性格中潜藏着哪些缺陷吗？如果能够清楚缺点在哪里，并加以改进，你就会成为社交的高手。

✏️ 测试开始

当你在海上悠闲地乘着船时，突然从海里出现一只海豚，奇怪的是，它竟然会说人话。你认为它说哪一句话会最令你惊讶？

A. 这里有很多鲨鱼，要小心哦。

B. 这下面有很多宝物！

C. 现在我所说的话都是听来的……

D. 前面有个美丽的珊瑚礁！

E. 请别惊讶，我是被施了魔法才变成海豚的！

F. 对不起，请问现在几点了？

测试结果

选择A：你选择了让你知道危险的词句，可见你是个非常细心的人，粗心大意的错误很少会发生在你身上。至于麻烦别人的事当然会有，但通常都是别人先向你求助。正因为你过着精神紧张的生活，所以绝对不会饶恕吊儿郎当的人，你已变得很神经质了！这样是会被人讨厌的！所以建议你：对于他人的错误宽容些吧！

选择B：你有时挺糊涂的，不同程度的失误常一个接一个来，而且令人吃惊的是，你一直重蹈覆辙，你简直是个糊涂到家的人。虽然你给周围的人添了很多麻烦，但他们接触你之后，就已经看透了你的粗枝大叶，所以也能渐渐接受。你要努力对任何事都小心谨慎！

选择C：你是属于一不留神就容易造成"祸从口出"的人，常将别人的秘密说出来，或是用漫不经心的言语去伤害对方。虽然你没有恶意，但在得意忘形时，常会把话说得过分些，这种错误所带来的后果，是心理方面的伤害，所以非常严重。因此，你要养成深思熟虑之后再说的习惯，不要不经大脑就把话说出来。

选择D：选择悠闲对白的你，常会因粗心而犯错。因为你的个性很开朗，所以不管什么样的失误你都能应付自如。当然这也会给周围的人添麻烦，可是你都会以笑容来获得别人的谅解。但是，若光用撒娇来处理过失的话，总有一天你会闯出大祸的。

选择E：你是个很可靠的人，几乎没有粗心大意的毛病，但只要稍一放松，就会发生很大的过失。周围的人万万没想到你会发生问题，所以麻烦就特别大。所以在完成重要的事情之前，请特别注意放松的那一刻。

选择F：选择海豚询问时间的你，是属于对自己缺点了如指掌的人。你的失误是因为你很健忘，一会儿忘了会面的地点，一会儿又将皮包遗忘在火车上，这种失误总会有一两次吧！至于给周围的人所带来的麻烦则要视情况而定，但都比不上自己的损失大。如果你经常忘记一些事的话，就要养成做笔记的习惯！

心理视点

性格缺陷对个人会产生 3 个方面的危害：

（1）容易诱发多种心理疾病和心身疾病。

（2）导致社会适应不良，尤其难以处理人际关系。

（3）影响学习、工作的效绩和生活质量，影响个人前途。

性格缺陷的有效纠治方法是接受心理健康教育，及早发现并了解其可能产生的危害，及早接受心理咨询，进行心理训练。知晓自己存在性格缺陷，并自觉主动纠治，与不了解或否认自己有心理缺陷，其纠治效果和结局截然不同。因此，要想有效地纠治性格缺陷，本人必须具备 4 项条件：

（1）高度自觉性。充分自知，配合训练，接受教育。

（2）认真负责。本人必须抱着一丝不苟的态度，积极贯彻、彻底执行各种纠治措施。

（3）严格要求。对于心理训练中提出的基本要求、训练项目、内容、方法、强度不能擅自增减或走样，要坚持到底。

（4）信任原则。纠正性格缺陷如同治疗心理疾病一样，基本信条是"诚则灵，信则成"。一切有效措施和效果都是建立在本人对指导者信任的基础上。

点菜可以知道你的性格

测试导语

性格会在不知不觉中影响每个人日常的习惯或举动，点菜这件普通的小事情，一样可以透露你的性格秘密！

测试开始

当你和朋友或其他人到了一间饭店或酒店里用餐时，你点菜时通常是：

A. 不管别人，只点自己想吃的菜

B. 点和别人同样的菜

C. 先说出自己想吃的东西

D. 先点好，再视周围情形而变动

E. 犹犹豫豫，点菜慢吞吞的

F. 先请店员说明菜的情况后再点菜

测试结果

选 A：你是个乐观、完全不拘小节的人。做事果断，但是否正确却难说。先看价格，再迅速做出决定的人是合理型的；选择自己想吃的人是享受型的；比较价格与内容后再决定的人，为人吝啬。

选 B：你很可能是从众型的。你做事慎重，往往忽视了自我的存在，对自己的想法没有自信，常会顺从别人的意见。这种人是易受他人影响的人。

选 C：性格直爽、胸襟开阔，难以启齿的事也能轻而易举、若无其事地说出来。你待人不拘小节。即使有时说话尖刻，也不会被人记恨。

选 D：你是个小心谨慎，在工作和交友上易犹豫的人。此类型的人给人的印象是软弱的。想象力丰富，但太拘泥于细节，缺乏全局的意识。

选 E：做事一丝不苟，安全第一。但你的谨慎往往是因为过分考虑对方立场所致。你能够真诚地听取别人的劝说，但不应该忘掉自己的观点。

选 F：你自尊心强，讨厌别人的指挥，在做任何事之前，总是坚持自己的主张。做任何事都追求不同凡响。做事积极，在待人方面，重视双方的面子。

心理视点

性格是一个人的处事风格与态度以及看事看人的观点看法的反映。它区别于气质，因为性格是后天形成的，是可以改变的。所以我们每个人都要完善自己的性格，克制自己的性格缺陷，努力使自己成为一个开朗、自信、积极、善良、公平以及独立性强的人。

你是一个支配狂吗

测试导语

控制权是我们大多数人所向往的，但是，有些人对于控制权的渴望更甚于其他人。而且很多人会不择手段去谋取它。

对于这些人而言，对自己的人生以及自己周围的人掌握更多的控制权，可以让他们减轻紧张感。而事实上他们会发现他们能够控制和支配的东西是如此之少，过于追求控制往往适得其反。

你是这样的人吗？做完下面测试就知道了。

测试开始

1. 你是否喜欢掌控电视机遥控器?
A. 不喜欢
B. 遥控器通常是由别人来使用
C. 是的

2. 如果你有一个未接电话, 并且查到来电话的号码, 你会不会回拨这个电话, 问问对方找你有什么事?
A. 通常不会, 除非我的确很想和这个人交谈, 或者他再在给我打电话
B. 偶尔会, 但那必须是我熟悉的电话号码
C. 是的, 无论我是否熟悉这个电话, 我都会回的

3. 你是否对尽可能多地了解你认识的人很感兴趣?
A. 没有特别的兴趣
B. 不是很感兴趣, 尽管我有时也参与传播流言飞语
C. 是的

4. 你和几个朋友一起看电视, 谁来决定看哪个台?
A. 一般我决定
B. 我的朋友决定
C. 我与朋友商量后决定

5. 你是否对自己的命运感到满意?
A. 是的
B. 基本满意
C. 不, 我渴望获得更多

6. 你当过媒人吗?
A. 从来没有
B. 有一次
C. 不止一次

7. 当为你自己选购东西时, 你是喜欢独自去还是与伙伴一起去?
A. 我喜欢与伙伴一起去

B. 无所谓

C. 当为我自己买东西时，我喜欢独自去购物

8. 你是否相信这句古老的谚语：自己动手，丰衣足食？

A. 不相信，我觉得很讽刺

B. 有时

C. 通常是这样

9. 你的异性伙伴突然提出要在奴役性游戏中扮演主角。你对此作何反应？

A. 我会因此感到很兴奋

B. 有一点惊讶，但是会很配合

C. 大惑不解，并且感到多少有些不自在

10. 你是否由于不能自制而感到紧张？

A. 从不或很少

B. 偶尔

C. 经常

11. 你在饮食上追求时尚吗？

A. 不

B. 不，但别人有时会说我追求时尚

C. 如果说这意味着放弃那些我从前喜欢吃但是对健康不利的食品，那么我的确追求时尚

12. 你发现人们突然叫你名字的简称，而不是你的全名，例如以小王代替王全保。你有何感受？

A. 我能够接受，但是更希望他们称呼我的全名

B. 毫不介意

C. 十分高兴，并且奉承说也许我的全名是多余的

13. 主持晚宴和被邀请参加晚宴，你更喜欢哪一个？

A. 被邀请

B. 无所谓

C. 主持

14. 以下哪种想法让你感到最恐惧？
A. 在无人居住的沙漠里待上 5 年
B. 在监狱里蹲 5 年
C. 作为二等兵为国家服 5 年兵役

15. 你碰巧遇到从前的同事，你于 12 个月之前离开了你们原来的工作单位。当问及原单位现在的情况时，你最愿意听到以下哪一句话？
A. 情况很好，每个人都很好
B. 和原来一样，并不比从前更好
C. 自从你离开之后，情况不再那么好了

16. 在晚会上，你一个人感到无所事事，而且看见一个对你很有吸引力的人。你希望在晚会结束前，发生什么事情？
A. 与他（她）聊天，并且互相交换电话号码
B. 在不久以后约会他（她）或者被他（她）约会
C. 当晚就邀请他（她）到你的住处

17. 你是否认为如果由你来管理这个国家，你会管理得更好？
A. 不
B. 可能
C. 是的

18. 你是否希望你的同伴在他所选择的职业中达到最顶峰？
A. 我只希望他们得到他们最想要的
B. 我不会督促他们，但是如果他们干得好，我会替他们高兴
C. 是的，我热切地希望我的同伴在自己选择的行业中获得成功

19. 如果你不能按照自己的方式行事，你是否会生气或恼火？
A. 我希望不会
B. 可能，偶尔会
C. 我只能说我会的

20. 你和你的同伴坐同一辆车一起出去，恰好你们都会开车。你希望由谁来驾驶汽车？
A. 我的同伴

B. 无所谓，因为我们都是很好的驾驶员

C. 我自己

21. 你在别人说话的时候经常打断他们，还是让他们说完以后再说？

A. 我通常让别人说完

B. 我想我偶尔会打断别人

C. 我承认我经常打断别人，不让他们把话说完

22. 你是否曾经拥有或者希望拥有一条狗？

A. 没有

B. 是的

C. 是的，我现在有一条狗，并且以前也养过一条狗

23. 以下哪个单词最准确地描述你？

A. 独立的

B. 普通的

C. 重要的

24. 你是否赞同婚前财产协议？

A. 不，这是一种愚蠢的现代做法

B. 也许很富有或很有名的人需要

C. 是的

25. 你是否花很长时间打扮自己的外表？

A. 不会

B. 不会花很长时间，我对自己的外表有信心

C. 是的，我的外表以及别人如何看我对我而言很重要

评分标准

　　每回答 A 得 0 分，回答 B 得 1 分，回答 C 得 2 分，最后汇总得分。

测试结果

　　20 分以下：可以肯定你不是一个支配狂，总的来说你对人生抱有一种轻松的态度，并且乐于随波逐流。

45

唯一需要注意的是你可能很容易被别人控制，甚至被支配。因此，你应当确保在任何时候自己的行为不被别人操纵，你永远属于你自己，而且你生活的方式和计划最终应当由你自己来决定。

21～35分：很幸运，你既不是那种支配狂，也不是很容易被其他人支配的人。

也许你的一个最大优点就是能够与其他人和谐相处，并且相信"三个臭皮匠，抵得上一个诸葛亮"，以及"众人拾柴火焰高"，同时认为大家的共同决策要胜过一个人单方面的决定。

36～50分：你的得分表明你在很大程度上是一位支配狂。

这也许意味着你感觉到可以控制着自己的人生，并且因此而不像许多其他人那样容易紧张，但是，过分地沉溺于将自己的愿望、意志、嗜好或者生活方式强加于其他人之上，你有必要控制一下这方面的倾向。换言之，在你打算支配别人之前，最好先掂量一下自己的分量。

心理视点

总体而言，支配狂有一种支配的需要，这也可以说害怕处于被支配状态。对于极端的情形，这种害怕可能通过讽刺挖苦甚至恐吓其他人表现出来。

给这样的人忠告是，人生是一项团队活动，我们的快乐在很大程度上要依赖于别人的帮助、爱护、尊重和友谊。我们不能指望世界围绕着某一个人旋转。因此，人们在一些情况下有必要随大流。

你有自恋的倾向吗

测试导语

你有没有见过有些人整天拿着镜子左照右照、百照不厌？同这种人交往就要小心，因为他可能爱自己甚于爱别人。想知道自己有没有潜伏的自恋倾向吗？请做下面的测试！

测试开始

1.在商店里，见到3款镜子，你会买以下哪一款？
A.圆形没图案的
B.四方形净色的

C. 有花绕边的

2. 公司每年夏天都会举办不同的活动，你会选择以下哪一项？
A. 滑水比赛
B. 潜水比赛
C. 滑浪风帆比赛

3. 你照镜时喜欢从哪个角度望自己？
A. 正面半身
B. 正面全身
C. 侧面全身

4. 逛街时，你朋友说去买彩票，等他之际，你会做什么时候？
A. 拿本小说出来看
B. 从铺头的镜中望一下自己
C. 观察路人的一举一动

5. 如果要你身上有一部分必须是红色，你会选择以下哪一项？
A. 鞋
B. 背心
C. 皮带

6. 你说话时会惯性触摸自己身体的哪一部位？
A. 头发
B. 脸
C. 手指

7. 如果去国外旅行，你会选择以下哪一项活动？
A. 爬山
B. 购物
C. 洗温泉

8. 你有没有偏食的习惯？
A. 没有

B. 少许偏食

C. 严重挑食

9. 你喜爱养以下哪一种宠物？

A. 猫

B. 狗

C. 兔

10. 进了地铁，才想起手机忘在家里，你会：

A. 下一站下车回家去拿

B. 问同事借来用

C. 没带就算了

评分标准

题号\选项\得分	1	2	3	4	5	6	7	8	9	10
A	3	5	3	3	3	1	3	1	5	5
B	1	1	4	4	4	3	1	3	3	3
C	5	3	1	1	1	5	5	5	1	1

测试结果

31~50分（自恋度100%）：完美无瑕的生活是你一直渴望的。对人对己你的要求十分高。你对自己的外貌、身材、才学等方面都十分有自信，认为没人能比得起你，甚至认定自己是没有缺点的人。从不怀疑自己的思想言行，觉得自己所做的一切都是理所当然的。在爱情道路上，你的另一半会爱得很痛苦，因为你是一个以己为先，爱自己甚于他人的人。

21~30分（自恋度50%）：此类型的人可以说是最正常不过的。你也许有时会自恋一番，但这种心理反应每个人也总会有的。自恋的程度也为人所接受。至于恋爱方面，由于你懂得适度表现自己美的一面，自然而不造作，令情人因此而感到骄傲。

10~20分（自恋度0%）：你对自己没有信心。表面上，你是一个普通的人，没有自恋倾向，但其实你经常希望在人面前有表现自己的机会，可惜自己却不争气，因而产生顾影自怜的感觉。但放心，这只是一个过程，这种心理障碍很快会消失。最重要的是学习如何正确面对现实。

心理视点

正常人都保持有一定程度的自恋与自爱，这样他们在待人接物、涉身处世时就能做到自尊自爱。"己所不欲，勿施于人"，指的就是他们的人生观。而过分的自恋会表现为以自我为中心和过分的自夸与自尊，比如常常幻想自己了不起，认为自己有才学、身材好、容貌美。好像世界小姐非她莫属；喜欢对镜自怜，喜欢成为众人瞩目的焦点；只喜欢听阿谀奉承，听不得半点不同意见；只知以极端的眼光看待别人，毫不体谅和关心他人的劳苦与难处。心理学家把他们称为自恋型人格障碍，这些人在事业、爱情和一般人际关系上都处理不好，不合群，不近情理，时时处处为自己打算，只顾自己不顾他人，价值观往往与社会道德相悖。

所以，我们要自爱，但切忌过分自恋。

你会是"墙头草"吗

测试导语

每个人都有自己对事物的看法，但是每个人对自己立场的把握都是不同的，你是坚持自己的立场不会改变呢？还是"墙头草"呢？完成下面的测试就知道了。

测试开始

1. 你非常的饿，可是家里只剩下一包你不喜欢吃的方便面，你会？
A. 吃了它，我这么饿，当然要吃了它了 ——回答第 3 题
B. 不吃，既然自己都不喜欢，为什么还要吃？——回答第 2 题

2. 不吃方便面就什么吃的都没有，你会？
A. 出门去买点好吃的回来 ——回答第 4 题
B. 不吃了，等爸爸妈妈回来后再说 ——回答第 5 题

3. 那么你打算用什么样的方法烹饪呢？
A. 方便面，当然是开水泡了，方便 ——A 型
B. 煮吧！还是煮的面比较好吃 ——C 型

4.结果今天超市盘点，那么你会?

A.自认倒霉，不再做无谓的抵抗，回家吃方便面   ——B 型

B.继续努力，走路去远一点的超市   ——D 型

5.结果过一会儿，爸爸妈妈打电话说不回来吃饭，让你自己解决，你会?

A.不回来了? 那我自己出去吃点吧   ——C 型

B.那我也不吃了，干脆睡觉，省事   ——D 型

测试结果

A. 唯命是从型 : 别人说什么你的答案都是"是"，在你的字典里难道就没有"不是"? 你是一个随声附和度极高的人，对别人所说的建议是绝对不会有意见的，看上去是性格温暖的老好人，别人说什么都好，缺少自己的主张。乍一看绝对是个好人，但是你却常在朋友中处于尴尬的地位。切记 : 帮理不帮亲。

B. 容易软化型:"有不同的意见,但是说出来多不好意思啊! "在很多方面,你都是一个依从者,很多事情都会顺着对方的意思去做。从小到大你绝对是个听话的孩子,家里人说什么你就做什么,循规蹈矩绝对不会越轨。即使偶尔有了自己的想法,只要稍微加点劝阻,你就会改变自己原来的观点,会按照对方的意见去做,欠缺自我肯定的意志力。因为你可能是个被惯坏了的孩子,所以造成了你这种容易被软化的性格。

C. 意志变化型 : 其实你并不容易被动摇,虽然心里会有很多不同的意见,但是因为友情和爱情,你就会放弃自己的意见,而附和其他人的意见。只有你觉得那么做真的不可以,你才会很强硬的拒绝别人的意见,而保持自己的主张。但是这样的时候非常少,大多数时间你还是比较容易动摇的,"墙头的草,随风倒",这恐怕是朋友经常说你的话吧?

D. 坚持己见型 : 你不但是个有自己的主见的人,而且还是属于那种一旦做出决定就永远不会回头的人,你不受他人的影响,也不怎么相信别人意见的可行性。你一般都是按着自己的主意办事情,但是因为你"永不回头"的性格,可能让你回头的方法只有一个,那就是让你自己碰得"头破血流",而且要保证你在撞上南墙以后能够顺利地"回头"。你做出了决定的时候那就是"九头牛都拉不回来",所以你可能会给自己树立很多的敌人,就是因为你实在是太强硬了。

心理视点

主见是人生的支柱，主见来自广博的知识、丰富的经历、勤于思索的头脑。成熟的人，遇事应该有自己的主见，没有主见的人，仿佛墙头芦苇，风吹两边倒，随波逐流，极易迷失方向。有主见的人，恰似山中松柏，咬定青山不放松，任你东西南北风，我自岿然不动。

假如你知道自己做的并没有错的话，那么你就继续坚持下去，不要理会别人的讥讽与指责。假如你知道事情不应该那样做，那么任凭别人如何纵容、引诱，也不违心从之。这就是主见的作用。有主见的人生是无怨无悔的人生。其实别人的意见不一定都对，所以你总是听人家的也不保险。难道不按自己的意见做事，就不会错了么？自己的意见说不定更适合自己。所以你要有自己的主心骨，不要随波逐流。

第四章

见证你有多聪明

你的记忆能力如何

测试导语

在日常工作中，你常要记忆一些任务、指示、工作术语等。记忆能力也是反映一个人智商高低的重要因素之一，而且有些工作，如秘书、助理、书记员等，对记忆能力有着特殊的要求，那你的记忆能力如何呢？下面的测试可以帮助了解你的记忆能力，要求在10分钟之内完成试题，请根据实际情况选择！

测试开始

1. 从以下4个选项中选择一个与你相符的：
A. 你很轻易地就能把以前看到的东西清晰地回忆起来
B. 你需要一些提示，但是还能比较清晰地辨别出以前看过的东西
C. 即使有一些零碎的片段，也已经把东西都忘光了
D. 你经常把以前的记忆与其他记忆混淆，把东西记错

2. 平常用什么方式记东西？
A. 用整体来记忆，也就是把要记的东西综合归纳
B. 以部分来记忆，也就是把对象分开，然后逐一记忆

3. 在记忆一件东西后，你是否会很快再重温一遍，以便记得更牢？

A. 是

B. 否

4. 你能在记忆时仔细观察对象，并考察与其相关联的事物，以便记忆得更清楚吗？

A. 是

B. 否

5. 你能不能在面对大量信息时，把最重要的部分找出来并单独记忆？

A. 是

B. 否

6. 你会借助一些其他的方式，如听、说、写或亲身的经历，来加深你对记忆对象的印象，使你记得更牢吗？

A. 是

B. 否

7. 当你所碰到的只是日常琐事或无关紧要的事时，你是否很快会忘记？

A. 是

B. 否

8. 当你面对一些比较枯燥的东西，比如字母和数字，你是否用理解或关联的方法记下来？

A. 是

B. 否

9. 你平时习惯用阅读，尤其是精读的方式来搜寻并储存信息到大脑中吗？

A. 是

B. 否

10. 当碰到难题时，你是否能够不求助他人，单独解决？

A. 是

B. 否

11. 你在面对一件比较重要的事时，是否能集中自己的注意力，告诉自己一定要记住？

A. 是

B. 否

12. 你对所要记住的东西有兴趣，很想一探究竟吗？

A. 是

B. 否

13. 你是否在面对众多信息时，也能把对自己有用的东西很快找到？

A. 是

B. 否

14. 当你面对一个较为复杂的事物时，你能够找出其中的联系以及各个部分的相同点和不同点吗？

A. 是

B. 否

15. 在大脑比较疲劳的时候，你会不会把要记忆的东西撤换成另一种东西？

A. 是

B. 否

16. 你是不是习惯将有关联或有相似点的事物归纳到一起记忆？

A. 是

B. 否

17. 你能利用其他辅助的方法，如表格、图样或总结等来帮助你记忆？

A. 是

B. 否

18. 你平时是否会随身携带笔记本以便随时记录信息，你是否有写日记或记感想的习惯？

A. 是

B. 否

19. 你是不是一定要先理解了才能记住某件东西？

A. 是

B. 否

20. 在记忆的过程中，你是否会用将对象与其他事物相关联的方法，以此来更好地记忆？

A. 是

B. 否

测试结果

在第 1 题中：选 A 的人记忆力较强；选 B 的人记忆力一般；选 C 的人记忆力不够好；选 D 的人记忆力非常差。

在第 2 题中：调查表明，选择前一种记忆方式的人拥有较强的记忆力。

第 3 ~ 20 题中：答"是"表示你懂得记忆的正确方法，记忆力较强。答"否"的人记忆方法欠妥，记忆力需要提高。

心理视点

记忆能力很重要，在很大程度上决定了其是否能够胜任自己的本职工作，如果你的记忆能力欠佳，甚至有严重的健忘症，就需要在平时的生活、工作中注意调节自己的情绪、缓解压力、放松心情，还要调节自己的生物钟，从饮食、睡眠等调节下功夫，相信你的记忆力会有所提高。

你有很高的创造力吗

测试导语

一个企业讲究创新能力，一个人讲究创造能力，这两者的道理是一样的：唯有创造才能进步。对于个体而言，创造力能将人带入一个又一个人生新境界，这就是创造的魅力。请你做做下面这个测试，看看你的创造能力如何。

请在每一句话后面，用一个字母表示同意或不同意，同意的用 A 表示，不同意的用 B 表示，不清楚或拿不准的用 C 表示。

✏️ 测试开始

1. 我不做盲目的事，干什么都有的放矢，用正确的步骤来解决每一个问题。

2. 只是提出问题而不想得到答案，无疑是浪费时间。

3. 无论什么事情，要我解决，总比别人困难。

4. 我认为合乎逻辑的循序渐进，是解决问题的最好方法。

5. 有时，我在小组发表意见，似乎使一些人感到厌烦。

6. 我花费大量时间来考虑别人是怎样看待我的。

7. 做自己认为正确的事情，比力求取得别人的赞同更重要。

8. 我不尊重那些做事似乎没有把握的人。

9. 我需要的刺激和兴趣比别人多。

10. 我知道如何在考试前，保持自己的心情平静。

11. 为解决难题我能坚持很长一段时间。

12. 我有时对事情过于热心。

13. 在特别无事可做时，我倒常常能想出好主意。

14. 在解决问题时，我常常单凭直觉判断"正确"或"错误"。

15. 在解决问题时，我分析问题较快，而综合所收集的材料较慢。

16. 有时，我打破常规去做我原来并未想到要做的事。

17. 我有收集东西的癖好。

18. 幻想促进我许多重要计划的提出。

19. 我喜欢客观而有理性的人。

20. 如果让我在两种职业中选择一种，我宁愿当一个实际工作者，而不愿当一个探索者。

21. 我能与我的同事或同行们很好地相处。

22. 我有较高的审美观。

23. 在一生中，我一直追求着名利和地位。

24. 我喜欢坚信自己结论的人。

25. 灵感与获得成功无关。

26. 使我感到最高兴的是，原来与我观点不一样的人变成了我的朋友，即使牺牲我原先的观点也在所不惜。

27. 我更大的兴趣在于提出新的建议，而不在于设法说服别人接受这些建议。

28. 我乐意独自一人整天"深思熟虑"。

29. 我往往避免做那种使我感到低下的工作。

30. 评价资料时，我觉得资料的来源比其内容更为重要。

31. 我不满意那些不确定和不可预言的事。

32. 我喜欢埋头苦干的人。

33. 一个人的自尊比得到他人的尊敬更重要。

34. 我觉得那些力求完美的人是不明智的。

35. 我宁愿与大家一起努力工作，也不愿凌晨单独工作。

36. 我喜欢那种对别人产生影响的工作。

37. 在生活中，我经常碰到不能用"正确"或"错误"加以判断的问题。

38. 对我来说，"各得其所"、"各在其位"是很重要的。

39. 那些使用古怪和不常用的词语的作家，纯粹是为了炫耀自己。

40. 许多人之所以感到苦恼，是因为把事情看得太复杂了。

41. 即使遭到不幸、挫折和反对，我仍然能够对我的工作保持原来的精神状态和热情。

42. 想入非非的人是不切实际的。

43. 我对"我不知道的事"比"我知道的事"印象更深刻。

44. 我对"这可能是什么"比"这是什么"更感兴趣。

45. 我经常为自己在无意中说话伤人而闷闷不乐。

46. 纵使没有报答，我也乐意为新颖的想法而花费大量时间。

47. 我认为"出主意，没什么了不起"这种说法是中肯的。

48. 我不喜欢提出那种显得无知的问题。

49. 一旦任务在肩，即使受到挫折，我也要坚决完成。

50. 从下面描述人物性格的形容词中，挑选出10个你认为最能说明你性格的词。

1. 热情的	2. 谨慎的	3. 观察敏锐的
4. 老练的	5. 有朝气的	6. 不拘礼节的
7. 有理解力的	8. 无畏的	9. 一丝不苟的
10. 脾气温顺的	11. 严格的	12. 漫不经心的
13. 实干的	14. 思路清晰的	15. 性急的
16. 有献身精神的	17. 有组织力的	18. 易动感情的
19. 机灵的	20. 自高自大的	21. 有说服力的
22. 实事求是的	23. 不满足的	24. 泰然自若的
25. 孤独的	26. 复杂的	27. 不屈不挠的
28. 虚心的	29. 有独创性的	30. 柔顺的
31. 好交际的	32. 严于律己的	33. 有主见的
34. 精神饱满的	35. 足智多谋的	36. 时髦的
37. 坚强的	38. 拘泥形式的	39. 讲实惠的
40. 创新的	41. 感觉灵敏的	42. 有远见的
43. 高效的	44. 乐意助人的	45. 自信的
46. 铁石心肠的	47. 可预言的	48. 精干的
49. 谦逊的	50. 善良的	51. 渴求知识的
52. 有克制力的	53. 束手束脚的	54. 好奇的

评分标准

题号\得分	A	B	C	题号\得分	A	B	C	题号\得分	A	B	C
1	0	1	2	18	3	0	−1	35	0	1	2
2	0	1	2	19	0	1	2	36	1	2	3
3	4	1	2	20	0	1	2	37	2	1	0
4	−2	1	3	21	0	1	2	38	0	1	2
5	2	1	0	22	3	0	−1	39	−1	0	2
6	−1	0	3	23	0	1	2	40	2	1	0
7	3	0	−1	24	−1	0	2	41	3	1	0
8	0	1	2	25	0	1	3	42	−1	0	2
9	3	0	1	26	−1	0	2	43	2	1	0
10	1	0	2	27	2	1	0	44	2	1	0
11	4	1	0	28	2	0	−1	45	−1	0	2
12	3	0	−1	29	0	1	2	46	3	2	0
13	2	1	0	30	−2	0	3	47	0	1	2
14	4	0	−2	31	0	1	2	48	0	1	3
15	−1	0	2	32	0	1	2	49	3	1	0
16	2	1	0	33	3	0	−1				
17	0	1	2	34	−1	0	2				

下列形容词每个得 2 分：

精神饱满的、观察敏锐的、不屈不挠的、柔顺的、足智多谋的、有主见的、有献身精神的、有独创性的、感觉灵敏的、无畏的、创新的、好奇的、有朝气的、热情的、严于律己的。

下列形容词每一个得 1 分：

自信的、有远见的、不拘礼节的、一丝不苟的、虚心的、机灵的、坚强的。

其余得 0 分。

将分数与 1～49 题得分加起来。

测试结果

110～137 分：创造力非凡。

85～109 分：创造力较强。

58～84 分：创造力很强。

30～55 分：创造力一般。

15～29 分：创造力弱。

−21～14 分：无创造力。

心理视点

　　创造力是指根据一定的目的和任务运用一切已知条件和信息开展能力思维活动，经过反复研究和实践，产生某种新颖的、独特的、有价值的成果，这种能力即为创造力。

　　创造力是 21 世纪生存和成功的关键条件，创造力不是天生不变的，实践、教育和主观努力对创造力的形成和发挥都有重大影响。

逻辑判断大比拼

测试导语

　　逻辑判断主要考察的是一个人的逻辑推理判断的能力，以下是几道逻辑判断推理题目，你不妨测测自己的逻辑判断能力。

测试开始

1. 考试成绩

"恭喜你们，"老师对进入办公室的 3 个学生说，"你们在这次语文、英语、物理考试中，取得了很好的成绩，并且你们 3 个各有一门成绩获得最高分，你们能猜出来吗？"甲想了想说："我语文考最高分。"乙说："丙考最高分的应该是物理。"丙说："我考最高分的不是英语。"老师说："其实有一门考试，你们 3 个人中，有两个人考的分数是一样的，并且都是最高分，而且你们刚才的猜测中只有一个人是正确的，你们能判断出各自的最高成绩是哪一门吗？"

2. 聪明的奴隶

古时候，有一个国王想处死一个奴隶，他为了表现自己的聪明，制定了一条规定："奴隶可以任意说一句话，而且这句话马上能被验证真假，如果奴隶说的是真话，那么就处以绞刑；如果说的是假话，那么就砍头。"
这个奴隶非常聪明。他说了一句话，结果无论国王想按照哪种方式处死他，都将违背自己的决定，所以最后只得放了他。你知道这句话是什么吗？

3. 孩子的年龄

两个新认识的朋友在一起聊天，乙知道甲有 3 个孩子，他想知道他们的年龄。甲告诉乙 3 个孩子的年龄的乘积是 36，并且告诉他，3 个孩子年龄的和就是昨天的日期。乙想了想，说还需要一些条件。甲又说，我最大的孩子可以拉小提琴了。于是乙很快就算出了3个孩子的年龄。请问3个孩子的年龄分别是多少？为什么？

4. 小刘请吃饭

小刘看上了同系的一个女生，但是他总是找不到机会和她有更深的接触，这天小刘想请她吃饭，但是如果贸然开口的话，可能会被她拒绝，所以他想出了一个计策。

他对那个女生说："我有两个问题要问你，它们只能回答是或者否，不能用其他的语句。还有就是，你必须郑重回答，两个答案必须在逻辑上完全合理，不能自相矛盾。"那位女生想了一下，觉得挺好玩的，所以就答应了。你知道小刘该怎么问，才能达到请女生吃饭的目的？

5. 苹果的颜色

晚会上，老师要和同学做一个游戏，他拿出3个苹果，其中两个是绿色的，一个是红色的。他叫了甲乙两名同学，让他们背靠背站立，然后分别给两个人每人一个苹果。看谁可以先猜着对方手中苹果的颜色。在发完苹果后，两个人先都没有说话，然后乙说："我知道了，甲手里拿的苹果是绿色的。"你知道甲是怎么猜测出来的呢？

6. 生儿生女

有一个大家庭，父母共养有A、B、C、D、E、F、G7个子女，这7个孩子的情况是这样的：

（1）A有3个妹妹。

（2）B有一个哥哥。

（3）C是老三，她有两个妹妹。

（4）D有两个弟弟。

（5）E管前面两个叫姐姐。

（6）F有个弟弟。

从以上的情况，你知道这7个孩子中哪几个是女孩，哪几个是男孩吗？

7. 与会者

有人邀请A、B、C、D、E、F6个人参加一项会议，这6个人有些奇怪，因为他们有很多要求，已知：

（1）A、B两人至少有一人参加会议。

（2）A、E、F 三人中有两人参加会议。

（3）B 和 C 两人一致决定，要么两人都去，要么两人都不去。

（4）A、D 两人中只有一人参加会议。

（5）C、D 两人中也只有一人参加会议。

（6）如果 D 不去，那么 E 也决定不去。

那么最后究竟有哪几个人参加了会议呢？

8. 常胜将军

阿贝、本、卡尔和唐这 4 人玩一种游戏，这种游戏的基本玩法是轮流从一堆筹码中取走筹码。其中有一个人每盘都赢。

（1）这 4 个人一共玩了 50 盘，每盘游戏开始时那堆筹码中的筹码数目都是偶数：第一盘开始时是 2 枚筹码，第二盘开始时是 4 枚筹码，以此类推，到第 50 盘开始时是 100 枚筹码。

（2）在整个 50 盘游戏中，各人每次所取筹码的数目保持不变：要么一直取 1 枚筹码，要么一直取 2 枚筹码。如果取到最后只剩下 1 枚筹码，而轮到取的那个人是一直取 2 枚筹码的，他就"弃权"，让给下一个人取。

（3）在各盘游戏中，取筹码的顺序也总是保持不变：首先是阿贝，其次是本，再次是卡尔，最后是唐。

（4）在每一盘游戏中，规定谁取走最后一枚筹码谁赢。这 4 个人中谁每盘都赢？

9. 脸上的煤灰

在一辆长途客车中，靠窗有两名乘客，这时一阵风吹来，刮过来一些煤灰，把一个人的脸弄脏了，另一个人脸上仍是干净的。那么，他们两个人谁会去洗脸？

10. 神仙和妖怪

一个人去寻找神仙解惑，经历艰辛，他按要求找到了 3 个人，他知道这 3 个人可能是神仙也可能是妖怪，但是他知道神仙是说真话的，妖怪是说假话的。

甲对他说："在乙和丙之间，至少有一个是神仙。"

乙对他说："在甲和丙之间，至少有一个是妖怪。"

丙对他说："还是让我告诉你真实的情况吧。"

那么，这个人能确定这里面有几个是神仙吗？

测试结果

1. 答案：甲和乙都考了物理的最高分，丙考了语文的最高分。

2. 答案：这名奴隶说："我是将要被砍头的。"如果国王认为这句话是真话，那么这名奴隶将要被处以绞刑，这样，这句话就成了假话，所以他只能被砍头。但如果被砍头，这句话又变成了真话，所以这名奴隶既不能被处以绞刑也不能被砍头，国王只能放了他。

3. 答案：第一步，3个孩子的年龄的乘积是36，表明他们的年龄组合可能是（1，2，18），（1，6，6），（1，3，12），（2，2，9），（3，3，4），（2，3，6）。

第二步，甲说3个孩子年龄的和是一个数字。我们不知道是什么数字，但我们可以看出这个数字并不能让乙判断每个孩子的年龄，所以这个数字在判断中是有重复的。我们在第一步的基础上相加各组数字，发现他们的和分别是21、13、16、13、10、11。由此可以判断孩子的年龄组合可能是（1，6，6）和（2，2，9）。

第三步，甲说最大的孩子可以拉小提琴了，这说明最大的孩子是一个，所以可以判断3个孩子的年龄分别是2、2、9。

4. 答案：他的第一个问题是："今晚你愿意和我一起去吃饭吗？"他的第二个问题是："对这个问题的回答，与对第一个的回答是一样的吗？"这样，这位女生如果对第一个问题说否，那么对于第二个问题，她无论说是还是否，都在逻辑上是自相矛盾的。所以，她对第一个问题只能回答"是"。

5. 答案：如果两个人有一个人拿了红苹果，在发完苹果后他就可以很快说出对方拿的是绿苹果。但是开始没有人说话，所以两个人拿的都是绿苹果，所以乙可以说出甲拿的是绿苹果。

6. 答案：从大到小：（1）A男（2）B男（3）C女（4）D女（5）E女（6）F男（7）G男

7. 答案：A、B、C、F参加了会议。

8. 答案：根据（2），把这4个人从一堆筹码中所取筹码的枚数组合起来一共有16种可能。

根据（1），设先是2枚筹码一堆，然后4枚筹码一堆，再后6枚筹码、8枚筹码、10枚筹码。

运用（3）和（4），记下每一种组合在各种枚数下的赢家。如果出现了不同的赢家，就不必再记下去。

注意其中第9种组合：1，2，2，1。只有这种组合在每一盘游戏中都导致了同一个赢家——唐。不但如此，对于其他的偶数枚筹码的情况，在这种组合下，唐也总是赢家。

9. 答案：脸上干净的人。因为他看到对方的脸上脏了，以为自己脸上也有煤灰，就会去洗脸；而脸上有煤灰的人看到对方的脸上是干净的，以为自己的脸上也是干净的，所以他不会去洗脸。

10. 答案：有 2 个是神仙。

心理视点

逻辑判断广泛应用于调查、审计、数学等方面，具有逻辑判断能力也是从事相关工作者必须具备的一种素质，为了提高在这方面的能力，要求我们平时多思考、多学习、多训练。

要理论与实际相结合。理论就是阅读些文章，进行归纳、推理、判断，从而加深对所看文章和科目的理解，慢慢积累，你会发现不知不觉之中已提高了你的逻辑判断能力。但在平时的工作和学习中，一点一滴地积累更为重要，毕竟理论是运用于实践的前提。

大脑像肌肉，需要不断地锻炼才能发达，只要经常的练习，就会提高你的逻辑判断能力。

脑筋换换换

测试导语

脑筋急转弯是具有卓越思维和幽默风格的一种益智形式，是人们需要打破常规思维模式、发挥超常思维才能找到幽默答案的一种思维游戏。我们为您精心准备了一套脑筋急转弯，让你换换脑筋。

测试开始

1. 有一个人，他是你父母生的，但他却不是你的兄弟姐妹，他是谁？
2. 小王是一名优秀士兵，一天他在站岗值勤时，明明看到有敌人悄悄向他摸过来，为什么他却睁一只眼闭一只眼？
3. 王老太太整天喋喋不休，可她有一个月说话最少，是哪一个月？
4. 在一次考试中，一对同桌交了一模一样的考卷，但老师认为他们肯定没有作弊，这是为什么？
5. 小王一边刷牙，一边悠闲地吹着口哨，他是怎么做到的？

6. 小刘是个很普通的人,为什么竟然能一连十几个小时不眨眼?

7. 小张开车,不小心撞上电线杆发生车祸,警察到达时车上有个死人,小张说这与他无关,警察也相信了,为什么?

8. 为什么警察对闯红灯的汽车司机视而不见?

测试结果

1. 答案:他自己

2. 答案:他正在瞄准

3. 答案:二月

4. 答案:他们都交白卷

5. 答案:他在刷假牙

6. 答案:他在睡觉

7. 答案:他开的是灵车

8. 答案:汽车司机在步行

心理视点

脑筋急转弯能测试一个人的反应能力以及他的聪明程度并带有趣味性,平时多做一些这方面的训练不仅能提高自己的反应能力而且能增加生活情趣。

综合能力大跃进

测试导语

一个人的综合能力包括很多方面,如创新能力、观察能力、语言运用能力、逻辑判断能力等,下面对您的综合能力做一下全方位的测试吧。

测试开始

1. 确定3位数

有一个3位数ABC,如果将5个3位数ACB、BAC、BCA、CAB、CBA加起来等于3194。则该3位数ABC等于多少?

2. 4片果树林

斯隆先生有4片果树林,分别种了苹果树、柠檬树、柑橘树和桃树。

（1）果树林的果树都成行排列，每片果树林中各行果树数相等。

（2）苹果林的行数最少，柠檬林比苹果林多一行，柑橘林比柠檬林多一行，桃树林又比柑橘林多一行。

（3）其中有3片果树林，每片果树林四周边界上的果树与其内部的果树棵数相等。

在这4片果树林中，哪一片边界上的果树与其内部的果树棵数不相等？

3. 新号码

明明换电话号码了。有3个特点使新的电话号码很好记：首先，原来的号码和新换的号码都是4个数字；其次，新号码正好是原来号码的4倍；最后，原来的号码从后面倒着写正好是新的号码。

新号码究竟是多少？

4. 多少麦子

印度国王舍罕打算重赏国际象棋的发明者——宰相达依尔。他说："我的宰相，你实在太聪明了。你发明了这样趣味无穷的象棋，真可以使我摆脱一切烦恼，在愉快中度过一生了。"宰相达依尔笑着，并没有回话。国王舍罕又说道："我是天下最富有的人。我相信，不管你有什么样的要求，我都会满足你的。"

达依尔想了一下说："陛下，为了不辜负你的美意，我要一点点东西吧。请你在棋盘的第一个方格里赐给我一粒麦子，在第二个方格里赐给我两粒麦子，以后每个新方格的麦子数都是前一方格里的一倍，一直到第64个棋格。"国王舍罕说："好，就给你麦子吧。但是你要知道，你的要求对我来说，简直算不了什么。去吧，我的侍从会送给你一袋麦子的。"

可是过了几天，国王并没有拿出麦子赏赐达依尔。这是为什么呢？

5. 几个人

某班参加竞赛的共6人。参加数学竞赛的有4人，参加化学竞赛的有3人。有几个人既参加数学竞赛又参加化学竞赛？

6. 买别针

黑黑带4枚硬币去商店买别针。别针的单价有1分、2分、3分、10分。他可以买其中任意一根别针，都不用售货员找零钱。你知道黑黑带的是哪几枚硬币吗？

7. 偷答案的学生

一天,在迪姆威特教授讲授的一节物理课上,他的物理测验的答案被人偷走了。有机会窃取这份答案的,只有阿莫斯、伯特和科布这3名学生。

(1)那天,这个教室里总共上了5节物理课。

(2)阿莫斯只上了其中的2节课。

(3)伯特只上了其中的3节课。

(4)科布只上了其中的4节课。

(5)迪姆威特教授只讲授了其中的3节课。

(6)这3名学生都只上了两节迪姆威特教授讲授的课。

(7)这3名被怀疑的学生出现在这5节课的每节课上的组合各不相同。

(8)在迪姆威特教授讲授的一节课上,这3名学生中有两名来上了,另一名没有来。事实证明来上这节课的那两名学生没有偷取答案。

这3名学生中谁偷了答案?

8. 外国人与中国人

有一个人到外国去了,可是他周围的人都是中国人,这是为什么?

9. 可以替换的词

下面6个词组中的动词大多不能互换,然而有一个字是可以代替所有动词的,你知道是哪一个吗?

(1)跳水 (2)买油 (3)砍柴 (4)做短工 (5)写稿子 (6)敲鼓

10. 餐厅的面试题

一位刚毕业的大学生到一家大型餐厅应聘主管。主考官出这样一道题目来考他:请在正方形的餐桌周围摆上10把椅子,使桌子每一面的椅子数都相等。应聘者想了很久,没想出来,你能帮帮他吗?

测试结果

1. 答案:5个百位相加得 A+2B+2C

由3194的十位为9所以十位向百位的进位不是4,当然也不可能是1或0,那样数太小就无解了。那么我们得到:

A+2B+2C=28(1) 或 A+2B+2C=29(2)

又由5个个位相加同样只能为2或3得到:

2A+2B+C=24（3）或 2A+2B+C=34（4）

从上可知 C 为偶数

如果（4）成立分别用（4）−（1）=5 A−C=5

或（4）−（2）=6 A−C=6

得 C=2A=7 或 A=8 C=4 A=9

代入均不对，故（4）不成立。

则 5 个十位的和 2A+B+2C=27（5）

或 2A+B+2C=37（6）

如果为 37 则（6）−（3）=C−B=13 不成立。

得（1）、（3）、（5）或（2）、（3）、（5）的解，演算即可。

2. 答案：

y 棵果树

x 棵果树

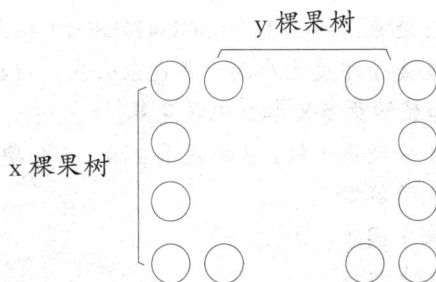

根据（1），设（3）中提到的 3 片果树林的两条相邻边上果树的棵数分别为 x 和 y。于是边界上果树的棵数等于（y+y）+（x−2）+（x−2），即 2y+2x−4；而内部棵树的棵数等于（x−2）（y−2）。

根据（3）得：

2y+2x−4=（x−2）（y−2）。

解出 x，x=（4y−8）/（y−4）。

于是 y 必须大于 4，而 y−4 必须整除 4y−8。

经反复试验，得出以下 4 对数值：

x	y
12	5
8	6
6	8
5	12

这里是全部可能的数值，因为（4y−8）/（y−4）等于 4+8/（y−4），要使 8/（y−4）为正整数，y 必须是 5、6、8 或 12。

根据（2），一定是苹果林有 5 行，柠檬林有 6 行，柑橘林有 7 行，桃树林有 8 行。

由于有 7 行棵树的柑橘林不能满足条件（3），所以边界上的果树与内部的果树棵数不相等的果树林是柑橘林。

3. 答案：设旧号码是用 ABCD，那么新号码是 DCBA，已知新号码是旧号码的 4 倍，所以 A 必须是个不大于 2 的偶数，即 A 等于 2；4×D 的个位数若要为 2，D 只能是 3 或 8；只要满足：

$$4×（1000×A+100×B+10×C+D）=1000×D+100×C+10×B+A$$

经计算可得 D=8，C=7，B=1，所以新号码是 8712，正好是旧号码的 2178 的 4 倍。这个题只能有这一种答案。

4. 答案：现在我们要求出这 64 格麦粒数的和，怎么办呢？一个数一个数去加吗？那实在太烦琐了。

1 格 1 粒麦子，2 格 3 粒麦子，3 格 2×2=4 粒麦子，2×2×2=8 粒麦子 64 格 2×2×…×2（63 个 2 连乘）=9223372036854775808（粒麦子）

这是个天文数字，这些麦子印度生产两千年也未必生产得出。

5. 答案：1 个人既参加数学竞赛又参加化学竞赛。

6. 答案：黑黑带的是 1 分硬币 1 枚，2 分硬币 2 枚，5 分硬币 1 枚。

7. 答案：是伯特偷了测验答案。

8. 答案：因为外国人来中国了。

9. 答案：可用"打"字来替换。

10. 答案：如图。

🔒 **心理视点**

综合能力是指将多种能力组合、搭配起来，形成认识、分析和解决问题的能力，包括观察力、想象力、判断力、创新力、记忆力。21 世纪是以知识的创新和应用为重要特征的知识经济时代，这个时代对人才的需求会提出更高的要求。要求复合型的、综合型的人才，是具有超强综合能力的智能型人才。如何提高自己的综合能力呢？

（1）增加基础知识、多学习各类知识以充实自己。

（2）掌握科学的思维方法。

（3）理论联系实践。

第二篇

职场解析，
看看你的职业道路能走多远

第一章

聚焦你的事业线

你适合什么样的职业

测试导语

　　每个人都会有梦想，常常憧憬着光辉灿烂的未来，向往着如花似锦的前程。可以说，在走向生活的前夜，每个人都要用艳丽的彩笔，把自己的梦想描绘得尽善尽美。那么，怎样才能实现自己的梦想呢？可供选择的答案很多，但其中最重要的一条是要选择一种适于自己做的、能发挥自己潜在才能的职业。有了这样的职业，就如同给自己的梦想插上了翅膀，可以在未来的天空中展翅飞翔。

　　那么，你到底适合哪种职业呢？请你独立完成以下两组共 20 道测试题，或许就可以帮你做出一个不错的选择。每道题只要回答"是"或"否"即可。

测试开始

第一组

1. 就你的性格来说，你喜欢和年轻人而不是和年龄大的人在一起。

2. 你心目中的丈夫（妻子）应具有与众不同的见解和活跃的思想。

3. 对别人有求于你时，你总是乐意帮助解决。

4. 你做事情考虑较多的是速度和数量，而不喜欢精益求精。

5. 你喜欢新鲜这个概念，例如：新环境、新旅游点、新朋友等。

6. 你讨厌寂寞，希望与大家在一起。

7. 你读书的时候比较喜欢语文课。

8. 你喜欢改变某些生活习惯，使自己有一些充裕的时间。

9. 你不喜爱那些零散、琐碎的事情。

10. 你进入负责招聘的经理办公室，经理抬头看了你一眼，说声"请坐"，然后就埋头阅读他的文件不再理你，可你一看旁边并没有座位。这时，你没有站在那里等，而是悄悄搬来一张椅子坐下，等经理说话。

第二组

11. 你上学的时候很喜欢数学课。

12. 看了一场电影或戏剧后，你喜欢独自思考其内容，而不喜欢与别人一起谈论。

13. 你书写整齐，很少写错别字。

14. 你不喜欢读长篇小说，而喜欢读议论文或散文。

15. 业余时间，你爱做智力测验、智力游戏。

16. 墙上的画挂歪了，你看了不舒服，总要想办法将它扶正。

17. 收录机、电视机发生故障，你喜欢自己动手修理。

18. 做事情时，你喜欢做得精益求精。

19. 你对一种服装的评价是看它的设计而不大关心它是否流行。

20. 你能控制经济开支，很少有"月初松，月底空"的现象。

评分标准

1. 整套测试共 20 道题，前 10 题为第一组，后 10 题为第二组。

2. 统计出两组答案中各有几个"是"。

3. 如果第一组答案中的"是"比第二组多，为 A；如果第二组答案中的"是"比第一组多，为 B；如果两组答案中的"是"大致相等，为 C。

测试结果

A. 你最大的长处是思想活跃、擅长与人交往。你喜欢把自己的想法交让别人去实现，或者与大家共同去实现，适合你的职业是记者、演员、推销员、采购员、服务员、人事干部、宣传机构的工作人员等。

B. 你有耐心，爱思考、钻研，是个谨慎的人。适合你的职业有编辑、律师、医生、技术人员、工程师、会计师、科学工作者等。

C. 你兼备 A、B 两种类型人的长处，不仅能独立思考，也能建立和维持良好的人际关系。供你选择的职业包括教师、护士、秘书、美容师、理发师、各类管理人员等。

心理视点

气质是人的典型的稳定的心理特点，一般分为胆汁质、多血质、黏液质和抑郁质4种。至于它们各自的心理特征我们之前已讲过，在这里不再赘述。

4种气质在工作中各有利弊，没有好坏之分，关键在于认识到自己的优缺点，学会扬长避短。当然，气质虽然分为4种，生活中却很少有人简单地属于哪一种人，一般的人都是好几种气质的混合，只是在这几种气质中，更倾向于其中的某一种，在选择职业上，也要根据自己的气质特点来选择合适的职业。

多血质合适的职业：导游、推销员、节目主持人、演讲者、外事接待员、演员、市场调查员等。

胆汁质合适的职业：管理工作、外交工作、驾驶员、服装纺织业、运动员、冒险家、军人等。

黏液质合适的职业：外科医生、法官、管理人员、出纳员、会计、播音员、话务员、教师等。

抑郁质合适的职业：校对、打字、排版、雕刻、刺绣、保管员、艺术工作者、编辑等。

一个人的职业选择会受到很多种因素的影响。在选择职业的过程中，我们可以对自己的个性特征进行分析，评价个人的生理、心理特征，进而分析我们可以选择的各种职业自己是否可以胜任，最后，在了解自己的特点和职业要求的基础上进行自己职业的选择。如果一个人的个性特征与其选择的职业要求匹配得非常好，那么这个人在职场上更具备成功的可能性。

经典的职业兴趣量表制定者霍兰德在职业选择和性格之间的关系这一问题上认为，一个人的性格类型和他所选择的职业之间的关系并不是绝对的一对一的对应关系，一个人既可以适应某一种职业环境，同时也可以适应另外的职业环境，但前提是两者之间要有一定的相近性或者是中性的关系而不是相互排斥的关系。或许霍兰德的建议为我们进行职业选择提供了具有更大灵活性的自由空间。

你跳槽的时机到了吗

测试导语

你可能正在为是否跳槽而不知所措。想换工作，又怕得不偿失；继续干下去，又感到工作不称心如意，于是焦躁不安、心神不定，你由此陷入了痛苦和无奈之中。不要发愁，做完下面的测试，也许能帮助你走出十字路口，做出一个正确的选择。本测试共20题，请在认真阅读题目后，选择最符合你实际情况的答案。

测试开始

1. 你对自己的工作是否感到忧虑？
A. 偶尔感到忧虑
B. 从来不感到忧虑
C. 经常感到忧虑

2. 你属于以下哪种情况？
A. 我不讨厌自己的工作
B. 我通常对自己的工作感兴趣
C. 我工作时总觉得心烦

3. 你认为自己：
A. 与自己同事相处得非常好
B. 不喜欢自己的同事
C. 与绝大多数同事都能很好相处

4. 你是否加班加点地工作？
A. 如果付加班费就加班
B. 从不加班加点
C. 经常加班加点，即使没有加班费也是如此

5. 你认为自己的同事们：
A. 喜欢你
B. 不喜欢你
C. 并非不喜欢，只是不特别友好

6. 如果少付你三分之一的工资，你是否还愿意干这项工作？
A. 愿意
B. 本来愿意，但负担不了家庭生活，只好作罢

C. 不愿意

7. 关于你的职业，你不喜欢哪一点？
A. 自己支配的时间太少
B. 乏味
C. 总不能按自己的想法做事

8. 你是怎样选择你目前从事的工作的？
A. 靠父母或朋友帮助选择
B. 该工作是我唯一能找到的工作
C. 当时就觉得该工作对自己很合适

9. 你上班时是否看表？
A. 不断地看
B. 不忙的时候看
C. 几乎不看

10. 你认为你的工作：
A. 对你来说是大材小用
B. 很难胜任
C. 使你做了从来没想到自己能做到的事

11. 一天的工作快要结束时，你：
A. 感到疲惫不堪，全身不舒服
B. 为自己取得的工作成绩而感到高兴
C. 感到有点累，但通常很满足

12. 以下哪种情况最符合你的实际情况：
A. 我的工作已不能让我学到更多的东西
B. 工作中我已学到了许多，但并不认为自己完全掌握
C. 工作中还有许多东西需要学习

13. 你会为了消遣一下而请一天事假吗？
A. 会的
B. 不会

C. 如果工作不太忙，就有可能

14. 星期一早晨，你：
A. 觉得自己愿意去上班
B. 希望获得不去上班的理由
C. 开始工作时觉得很勉强，但过一会就进入工作状态了

15. 你觉得自己的工作中不受赏识吗？
A. 偶尔这样想
B. 经常这样想
C. 很少这样想

16. 你是否希望自己的孩子将来从事你的工作？
A. 是的，如果他有能力并且适合的话
B. 不会的，而且要警告他不要做这种工作
C. 不希望他做，也不反对他做

17. 你认为自己：
A. 工作劲头十足
B. 工作没有劲头
C. 工作劲头一般

18. 你觉得：
A. 自己总是很有能力
B. 自己有时很有能力
C. 自己总是没有能力

19. 你用多少工作时间打私人电话或做些与工作无关的事？
A. 很少的时间
B. 一定的时间，特别是在个人生活遇到麻烦时
C. 很多时间

20. 去年除了假日或病假外，你是否还缺过勤？
A. 没有缺勤
B. 仅有几天缺勤

C. 经常缺勤

评分标准

选项＼得分 ＼题号	1	2	3	4	5	6	7	8	9	10	11	12	13	14	15	16	17	18	19	20
A	3	3	5	3	5	5	5	1	1	3	1	1	1	5	3	5	5	5	5	5
B	5	5	1	1	1	3	3	3	3	1	5	3	5	1	1	1	1	3	3	3
C	1	1	3	5	3	1	1	5	5	5	3	5	3	3	5	3	3	1	1	1

测试结果

0～50分：你对目前的工作非常不满，如果你还在犹豫是继续工作还是放弃工作，那你就是在浪费时间，目前的工作实在不应该再干下去了。奉劝一句，勇敢点，走出去，你会发现另一片更广阔的天地。

51～70分：你对目前的工作不是很满意，可能是你选错了职业，或者是你与同事或上司相处得不融洽，或者是你对自己估计过高。

71～85分：你对目前的工作还比较满意，并不存在是否需要跳槽的问题，你不应受朋友或其他同事的影响，你现在需要做的是专注于自己的工作，相信敬业负责的你肯定会取得好的业绩。

86～100分：对目前的工作非常满意。但若你的得分接近100分，说明你对工作投入的热情及喜欢的程度有些过高，可以说你是个名副其实的"工作狂"，你应该在工作中多注意劳逸结合。

心理视点

如果有以下情况请不要跳槽。

（1）压根就没有跳槽的想法，只是看到周围的人跳槽才心动。

（2）跳槽后的单位不一定比现在的单位好。

（3）本身能力有限，并未有明显提高。

（4）现任工作刚刚干了几个月，工作流程还不是特别了解。

你将会被公司淘汰吗

测试导语

本想不再跳槽，就在这家公司好好干下去了，可是没有想到还要在担惊受怕中熬日子，因为公司裁员的警报已拉响，据说还列出了裁员的"黑名单"，大家都面临裁员的危险，在没有正式公布之前，人人自危。其实，聪明人应该能够及早发现职业中的"红灯"。想一想这类问题，以防你离开的时间比你预期的要来得早；当机立断，早做安排。请做下面的测试，看一下你被公司淘汰的危险指数，只对每题回答"是"或"否"即可。

✏️ 测试开始

1. 你的能力使你成为你所在工作岗位"非你莫属"的人物吗？

2. 你是有敬业精神、认真工作的人吗？

3. 你和你的工作团队合拍吗？

4. 你的老板是个不爱挑剔的人，他（她）对你的态度很好吗？

5. 你与顶头上司是否很合得来？

6. 如果你以前一直被邀请参加重大决策的讨论，而现在还被邀请吗？

7. 你的上司做决策时还征求你的意见吗？

8. 你的公司培养你担任一个更重要的职务，并告知你是下一个人选，最终担任这个职务的人是你吗？

9. 你仔细想想，最近管理层是否发生了人事变动？你属于新管理层想任用的人吗？

10. 你的老板对职员们说，他欢迎大家提意见。但是，他对你的建议是否持欢迎态度？

11. 好差事总是分配给其他的人，每次有挑战性的任务，明明你是最佳人选，上头却总是分派给别人，而让你负责一些不重要的工作吗？

12. 管理层的人都没有向你透露消息，但他们看见你的时候是否有点神秘兮兮，甚至绕路而行？

13. 以前，你总是因为出色的工作受到表扬，而现在，每当你完成一个项目，是否会被告知没有达到预期效果？

14. 你对工作不再充满兴趣，你向别人透露过这种想法吗？

15. 你是否属于上班偷偷聊QQ，经常爱请假的人？

16. 公司里，你是否属于那种"只是低头拉车，而不抬头看路"的人？

17. 你是个精英，周围嫉妒你的人不少，其中有和管理层相处甚密的人吗？

18. 你是否不停地提出对本部门的改进意见，结果却都石沉大海？

19. 公司调整工资，你觉得自己业绩不错，但是却没给你加薪，你发过牢骚吗？

20. 你的办公室里，有专门挖掘"黑色隧道"的办公室小人吗？

评分标准

1 ~ 10 题答 "是" 得 1 分，答 "否" 得 0 分；11 ~ 20 题答 "是" 得 0 分，答 "否" 得 1 分。然后将总分统计出来。

测试结果

0 ~ 7 分：说明你已经没有任何挽回的余地，就等着被 "炒鱿鱼" 吧。未雨绸缪是你明智的选择，但是你如不改正自己的问题，那就很危险了。

8 ~ 14 分：说明你在模棱两可之间，存在一定危险，如果你努力争取，有留下来的余地，但是你要认真地的反思，吸取教训，及早处理好工作中对你不利的因素。

15 ~ 20 分：说明你暂时还没有危险，但是面对风云变化的职场，你也不要掉以轻心，要垒实自己的职业生涯并坐稳眼前的位置，金饭碗抓住了才是你的。

心理视点

有人说，现代的 "饭碗" 观念，要从金饭碗、铁饭碗过渡到瓷饭碗。瓷，既珍贵，又要细心呵护，不小心就会被摔碎。当我们打破了饭碗，重新回到职场去寻找新的饭碗时，首先要放下捧过金饭碗的架子，不要用自己过去的金饭碗作为寻找新饭碗的尺子，要面对现实；其次，就是要主动出击，变被动为主动。

你是老板眼中诚实的员工吗

测试导语

职场上最可贵的品质是诚实。诚实不但不会阻碍你前进，相反它会是你的优势和财富，会帮助你走向成功。下面来做关于职场诚实的测试。

以下测试反映了职场中有关诚实的行为和态度，每题设有 5 个选项，请选出最适合你的一项：A. 非常准确；B. 准确；C. 说不上准还是不准；D. 不准确；E. 非常不准确。

测试开始

1. 我从我的老板那里偷过钱。

2. 我从我的老板那里偷过东西。

3. 我曾把办公室用品带回家私用。

4. 我曾向顾客索要高价并私留差额。

5. 我曾对朋友或同事偷老板东西的行为视而不见。

6. 我曾给朋友白送过公司的货物。

7. 我曾篡改过记录或报告。

8. 我曾为私人目的动用过公司资源（例如长途电话、加油卡）。

9. 我曾用员工内部折扣价卖东西给朋友。

10. 我曾把公司货物卖给朋友并把钱私留。

11. 我有上班迟到的习惯。

12. 我会无故缺勤。

13. 我装病不去上班。

14. 我偷过同事的东西。

15. 我曾经醉醺醺地来上班。

16. 我曾蓄意破坏过公司的设备或货物。

17. 我尽可能地少做工作。

18. 我曾骗取老板的赔偿金。

19. 我曾消极怠工。

20. 我曾未经允许就早退。

21. 大部分人都从他们的老板那儿偷过东西。

22. 如果能确信不被抓到，大部分人都会从老板那儿偷钱。

23. 大部分人都试图花费最小的气力使自己的工作得过且过。

24. 辛苦工作受益的只是老板一人。

25. 老板们希望他的员工带点儿小东西回家。

26. 大部分人都曾醉醺醺地来上班。

27. 有机会的话，几乎每个人都会装病不去上班。

28. 员工们给他们的朋友打折商品是很正常的。

29. 用公司电话打长途的人不多。

30. 员工之间相互的忠诚超过对公司的忠诚是无可厚非的。

31. 每天都工作对我来说是困难的。

32. 如果我知道一个同事装病不来，而不把实情告诉老板，我会认为这样做是不对的。

33. 职员向顾客索要高价并私留差额的现象并不罕见。

34. 职员篡改他们的时间卡是很平常的。

35. 职员用公司信用卡作为私人用途并不罕见。

36. 如果员工不想上班就利用病假是很平常的。

37. 当人们得知辛勤工作只会是老板受益的话，几乎没有人再愿意这么做。

38. 用员工内部折扣卖东西给朋友没什么不对。

39. 如果能不被发现的话，大部分人都会早走一点。

40. 只有尽可能地延长午餐和休息时间才是正常的。

评分标准

选 A 计 5 分，选 B 计 4 分，选 C 计 3 分，选 D 计 2 分，选 E 计 1 分，最后计算总分。

测试结果

得分	百分数
86	85
82	70
78	50
72	30
68	15

得分越高说明越不诚实。例如，如果你的得分对应的百分数是 70，说明 70% 的人比你诚实。

心理视点

什么是诚实？现代汉语词典的解释是：言行跟内心思想一致（指好的思想行为），不虚假。诚实是一种品德、一种勇气，更是一种生活态度。无论是社会、企业、家庭都在呼唤着诚实的声音，因为诚实意味着忠诚、信任、尊严和理解，员工的诚实是公司最大的财富。陀思妥耶夫斯基曾经说过："要正直地生活，别想入非非！"要诚实地工作才能前程远大，所以我们要做一个诚实的人。

你的执行力如何

测试导语

执行力对于每一名员工来说，都是必不可少的能力。如果说，领导者是指令的发布者，那被领导者则是指令的执行者。假如员工不具备执行力或执行力较差，那即使领导者具有再伟大的设想、再优秀的战略，也都将失去任何意义。而对你而言，如果你的执行力很差，你就不可能有高的工作效率和好的工作业绩，等待你的只能是失去工作的结局。

本测试测量你的执行力状况，共 18 题，请在 5 分钟内完成，答案只需回答 "是" 或 "否" 即可。

测试开始

1. 今天上班前天气似乎要变，带雨具又麻烦，你能很轻松地做出决定吗？

2. 做一项重要工作之前，你会为自己制定工作计划吗？

3. 你是否充分信任自己的合作者呢？

4. 对自己许下的诺言，你是否能一贯遵守？

5. 你能在原来的工作岗位上轻而易举地适应与过去的习惯迥然不同的新规定、新方法吗？

6. 平时你能直率地说明自己拒绝某事的真实原因，而不虚构一些理由来掩饰吗？

7. 辛苦工作之时，你是否计分评估？

8. 你认为自己勤奋而不疏懒吗？

9. 为了公司整体的利益，你会得罪某人吗？

10. 做一项重要工作之前，你是否尽可能获取最好的建议呢？

11. 你是否善于倾听？

12. 如果你了解到在某件事上上司与你的观点截然相反，你还能直抒己见吗？

13. 你进入新的部门，能很快适应这一新的集体吗？

14. 星期一，上司要你在星期五下班后提交一方案，到了规定时间，你发现自己的方案有不完善的地方，而且周末上司外出度假，你认为应该保证质量，到下星期一再上交吗？

15. 你善于为自己寻找合适的借口，来掩饰工作中的小错误吗？

16. 对于一项执行上有困难的工作，你是否能全力以赴地执行任务呢？

17. 对于工作中不明白的地方，你会向领导提出疑问吗？

18. 你常有顺利完成工作的自信吗？

评分标准

回答 "是" 得 1 分，回答 "否" 不得分，但第 14 题、第 15 题回答 "否" 扣 2 分，计算总分。

如果你第 14 题、第 15 题，都回答 "否"，你有必要检查一下自己对本测试的态度，如果失之偏颇，建议你重测一次。

测试结果

10分以下：你做事往往拖拖拉拉。比如一件工作，如果有谁替你去做，你会对他感激不尽，你使人觉得难以信赖，与你共事会感到很疲惫。也许对你来说，不做事才最逍遥，但在你拒绝做事或不负责任的时候，你也失去了一次成功的机会。

11～16分：你的执行力一般。工作中你很少有较高的效率，但你也不会拖公司的后腿。也许你正为自己有游刃职场的能力而沾沾自喜，这却是你最大的缺点，千万别以为"混同于世"就会一帆风顺，要想有良好的工作业绩、获得升迁的机会，你就要发挥自己的全部能量，埋头苦干，这样你才能出人头地。

17～18分：你的执行力较好。你有较开阔的眼界与合理的知识结构，再加上你的果断与良好的敬业精神，可以肯定你是上司、同事们信赖的对象。如果辅以正确的执行方法，你肯定会有更高的工作效率，能够取得较好的工作业绩。

心理视点

所谓执行力是指贯彻战略意图，完成预定目标的操作能力。

提高执行力需要具备的素质是：

（1）速度要快。

（2）要有团队协作精神，具体体现为4个方面：同心同德、互帮互助、奉献精神、团队自豪感。

（3）具有坚强的意志。

（4）具有较强的工作责任心和高昂的工作热情。

你是忠心耿耿的员工吗

测试导语

你对目前的工作是"忠心耿耿"，还是"身在曹营心在汉"？或是"骑驴找马"、"朝三暮四"？这个测试就是用来诊断你的忠诚度的。

请分别从A、B、C、D四个选项中选择一个适合你的答案。

测试开始

1. 在《机器猫》的各个角色中，你不太喜欢的是下列这 4 个人中的哪一个？

A. 大胖

B. 强夫

C. 野比康夫

D. 小静

2. 你进入公司已经好几年了。现在的你，对工作是怎样的一种态度呢？

A. "很讨厌加班！"

B. "想更进一步提高自己的业绩！"

C. "还不快点加工资！"

D. "希望自己的人际关系更好一点！"

3. 下面几条谚语中，跟你谈恋爱的宗旨最相符合的是哪一个？

A. "去者不追"

B. "缘分天注定"

C. "距离产生美"

D. "只要付出就有收获"

4. 与"撒谎"有关的说法有很多，当你听到"撒谎"这个词时，你能联想起来的话是哪一个呢？

A. 说谎有时也是一种权宜之计

B. 说谎是堕落的开始

C. 信口雌黄，谎话连篇

D. 弄假成真

5. 上司让你负责一个项目，你向前辈请求帮助，结果项目失败了。你向上司道歉说："这是我的不对。"那么在向上司道歉的同时，你对你的前辈是什么态度呢？

A. 是共同的责任，让前辈和自己一起向上司道歉

B. 沉默，什么都不说

C. 前辈已经给了我很多帮助，责任在我自己

D. 向上司控诉，前辈所教的方法不好

6.一天，跟恋人约会。恋人最近工作很忙，脸上带着疲惫的神色。你对这样的他持有一种什么样的态度呢？

A.想让他振作起来，带着他去各个游乐场所转转

B.生气道："好不容易有一次约会，不要带着一副疲惫的样子来！"

C.选择去喝茶等比较放松的活动，一边担心着恋人，一边继续约会

D.很不放心恋人，对他说道："你看起来很疲惫，今天还是早点回去吧！"

评分标准

选项 得分 \ 题号	1	2	3	4	5	6
A	2	2	2	4	4	2
B	4	4	3	3	3	1
C	3	1	4	2	2	3
D	1	3	1	1	1	4

测试结果

7分以下：你拼命工作，与其说是为了公司，还不如说是为了提高自己的工作技能。

你的忠诚度相当低。你似乎一点都没有想要去为公司做点什么。虽然你也会扎扎实实地把工作做好，但是说到底，你只是为了提高自己的工作技能而已。你大概是把目前的工作当作一种锻炼吧？一旦本领修成，你就会另谋高就。另外，这一类型的人会把工作时间和私人时间分得很清，绝不让工作占据个人的休闲生活，你是个很会享受人生的人。

8~14分：一旦犯了错误或被上司斥责，你对公司的忠诚度马上就会变得很低。

你的忠诚度是随着你的心情时高时低地变化的。如果你能很顺利地完成工作，被上司或者前辈褒奖的时候，你就会想着要为了公司努力工作；但一旦犯了错误，被上司斥责时，就会想："我可是在为公司不停努力工作着！这样努力也得不到肯定，实在不值得为他效力！"这样的心情谁都可能有，但一定不要非常露骨地将这种心情直接表现出来。

15~20分：你的忠诚度很高，但容易意气用事，这会影响你对公司的忠诚度。

你不仅希望自己能够出人头地，也期待公司能够不断发展壮大。像你这样的人，如果跟上司关系不错，就能够将工作做得很好；可如果你与上司不合，即使只是稍稍对上司有了一点反感，你也很可能轻易就将工作辞掉。可以说，

一时的意气用事，很可能影响你的忠诚度。试着跟上司好好沟通，不要轻易就放弃一份有前途的工作。

21分以上：你对待工作有强烈的责任感，对自己效力的公司也有很高的忠诚度。

你的忠诚度非常高，不仅仅对自己的本职工作很负责，对公司的发展也很上心，肯毫无保留地为公司献计献策，有你这样的员工，可以说是老板的福气。因此你的上司和前辈也很放心将一些大的项目交由你去处理。此外，对待同事你也能够做到宽厚和体谅，所以在公司里你的人缘很好，从上司到同事都很欣赏你，对你寄予厚望。

心理视点

有一个说法叫"一盎司忠诚等于一磅智慧"，意思是说忠诚比智慧更加珍贵。

对公司忠诚就是对自己忠诚。一个没有忠诚感的员工不会得到老板的信任与重用，他们在社会上也很难找到自己的立足之地。

忠诚永远是一种美好的品德。在商业社会，经济的因素很重要，对个人而言，金钱固然是重要的，但是更重要的是一个人的优秀品质。

忠诚是一个人高洁品质的亮点，你会因为自己的忠诚赢得老板的信任，老板会因你的忠诚把你当作朋友看待，关键的时候会把重要的事务托付给你。

对事业的忠诚还能够赢得朋友的高度评价，甚至能够赢得老板竞争对手的尊敬。这样，你就能够在生活上、在工作上、在事业上为自己打造一片阳光地带，使自己的人生永远充满灿烂和辉煌。

求职时你最引人注目的是什么

测试导语

要想拥有一份好工作，必须要抓住来之不易的好时机，要想抓住好时机，就必须把你最好的一面展示出来，才能让别人把机会交给你。什么才是你赢得机会的最佳武器呢？本测试可以诊断出你在求职面试时适合于你的有效的自我推销法。

测试开始

你是一个经常迟到的学生，有一天你迟到时又被教导主任发现，这时你会怎么办呢？

A. 主动承认错误，以期得到原谅

B. 找寻新的借口

C. 大声地哭

D. 静静地听着训斥，找机会逃脱

测试结果

选择A：你可以通过突出你的女性魅力给面试官留下好印象。但是，如果一味地以性感来突出女性魅力则会产生负面效果。以后即便进了公司，也会有人说你是凭"美色"进入公司的。这样可就不好了。

选择B：你的最佳武器是你的坚强。你有自己独立的见解，不会轻易改变自己的观点。假如能够重点突出你的这一优点，会给对方留下"此人对工作不会半途而废，定会善始善终"的好印象。

选择C：你的"亮点"在于富有知性与教养。通过突出你的这种优点，可以给面试官留下很好的印象。你甚至可以谈及与公司业务无关的领域，总之重点是显示出你的博学多闻。尽量把自己的知识领域拓宽，以显示自己的综合素质。

选择D：你最大的武器是脑筋灵活，你能够举一反三。突出你的这一优势，对方会产生"此人工作肯定敏捷利落"的印象。但是此类人往往容易轻视别人，应务必克服这个缺点！

心理视点

求职需要一定的技巧，否则即使你很有能力，也可能因为你的一点点失误，而与成功失之交臂。

（1）增加与公司的关联性。你如果半天也说不到和应聘公司相关的内容，面试官一定会心存疑问：这个人到底是来干什么的？

（2）适当展示过去的成就。既不要说得太过——要永远记住"过犹不及"，也不要表现得太保守——你自己都不愿展示，怎么叫别人发现你的优势呢？

（3）说话要有条理。把自己的信息编排一下次序，再告诉面试官，这样可以体现你有很强的目的性和逻辑性。

（4）态度坦诚，心态自然。要和面试官做平等交流，不要给人感觉自己很"被动"。也不必满脑子地想"一定要表现好"，否则心态就会有所扭曲。

（5）把握非语言因素。声调可略微低沉，语速要适当放慢。可以有适当的手势，但不要过多，不然会分散面试官的注意力。

（6）注重细节。比如，服饰要整洁大方，举止要文明有风度，面容要轻松自然、并带微笑等。

你和上司是敌人吗

测试导语

俗话说："不怕官就怕管。"上司既是官又要管，对下属的事业、生活和心情都有极大的影响，所以，和上司保持良好关系，对每个人的前途都很重要，想要认清自己与上司的关系，就请完成下面为您精心准备的心理测试。

测试开始

1. 开会的时候，你会坐在上司的哪里？
A. 上司的邻座，有机会可以跟他多交流工作上的细节
B. 坐在同事的中间，表现得既不疏远也不亲近
C. 越远越好，开会很无聊，难保不开小差

2. 早上去公司发现办公桌上有一张上司留给你的字条，你觉得那张便条上面会写什么？
A. 选好合适的服装参加晚上的酒会
B. 请你按照事情的重要程度完成工作
C. 可以打辞职报告了

3. 在走廊里，你遇到上司的情景多半是：
A. 他总是看你一眼后，跟别人说话
B. 匆匆擦肩而过
C. 他好像认识你又好像不认识你

4. 与朋友在一家餐馆吃饭，发现上司正好在不远的一张桌子上进餐，你会：
A. 跑过去跟他聊聊这家餐馆的独特风味、装修格调
B. 要是目光相遇，那就点头示意

87

C.跟朋友若无其事地聊天，尽量不往上司所在的方向张望

5.如果把你的上司比作一个动物，你觉得他是：
A.狮子
B.猴子
C.大象

6.你觉得上司平时的穿着打扮如何？
A.喜欢，觉得很有品位
B.有个性，但我不是太喜欢
C.如果有最差服饰奖，一定要颁给他

评分标准

选 A 得 5 分，选 B 得 3 分，选 C 得 1 分。

测试结果

6～12分：危险！尽管他是你的上司，但是你们似乎已经到了水深火热的地步了，稍有不慎就会导致一拍两散、分道扬镳的局面。如果你对这个公司的薪水、成长空间、同事之间的友谊等等，还有留恋的话，那么试着跟你的上司多沟通，忍一时风平浪静，退一步海阔天空嘛。

13～23分：你可以稍稍松一口气，你和上司之间的关系确实还没有到"老鼠见了猫"的层面，但是不要高兴得太早，人无远虑，必有近忧，如果想在上司面前有个良好的形象，那么你需要在各个方面多加加工，比如上司喜欢提早上班、超时下班的员工，比如了解上司的爱好，等等。

24～30分：恭喜！你和上司的融洽关系令周围人都羡慕，相信你也付出了很多汗水来打造这片天地，要维持好这样的关系，需要持之以恒。君子一日三省，学会自我批评，有则改之，无则加勉。

心理视点

上司是办公室里的核心人物。如果你是办公室里普通一员，跟上司的关系处理不好，将可能影响到你的情绪、工作，甚至前途等。那么，怎样才能与上司保持良好的关系呢？

（1）了解上司的习惯。做下属的应该适当了解上司的生活习惯、处事作风，然后投其所好。但若处理不当，则会被其他同事认为是巴结上司、拍马屁，

会背上骂名。所以尽管要投上司所好，但对其不当言行，仍应避免迎合。

（2）切忌与上司建立私人感情，应当保持纯洁的工作关系。跟上司讲太多的私生活话题，会影响你在其心目中的形象，其他同事也会因为你与上司的私交甚密，而对你另眼相看。有的会刻意亲近你，借此攀结上司；但更多的则会对你有所避忌，使你的工作及社交出现障碍。

（3）不要随便背叛和攻击上司。现实中的确有一些领导令你忍无可忍，但上司都不喜欢背叛他的下属。随意攻击上司，吃亏的是自己，其他同事只当作看一次免费表演，令你意想不到的一连串的报复将会伴随着你，直到你离开。当然，若上司没有丝毫容人之量，离开他又何妨。

你能抓住升迁的机会吗

测试导语

在人生道路上，谁都会碰上几次升迁的机会，而能抓住和用好这个机会的人才是高手。你能抓住升迁的机会吗？请拿起笔做下面的测试，只需回答"是"或"否"，然后即可知道了。

测试开始

1. 我换了更好的工作。
2. 我被指定负责某些事情。
3. 我对自己的身体健康状况非常满意。
4. 我达到了一项个人体能目标（如在规定时间内跑完 3 千米）。
5. 我的同事开始尊重我的判断。
6. 经过我的努力，我的专业能力更受肯定。
7. 我的投资获利可观。
8. 我对我的性生活比以往感到满意。
9. 我戒掉了一个坏习惯。
10. 摆脱了一个事事会拖累我的朋友。
11. 我比以前更能控制遭遇困难时的情绪反应。
12. 我更能保留自己的想法并广纳众议。
13. 我获得了加薪。
14. 我在各种社交场合里愈来愈能处之泰然。
15. 我买了一部新车。

16. 我逐渐接近理想体重。

17. 我的感情生活相当稳定，或我的婚姻渐入佳境。

18. 我买了从未想过要拥有的东西。

19. 我提出意见或看法时更有自信。

20. 我比以前更会运用时间。

21. 我开始穿着更贵的服饰。

22. 我重新整修、布置了房子（包括租来的）。

23. 我有了新的嗜好。

24. 近来老板对我的态度越来越好。

25. 我买了一部个人电脑。

26. 我招揽了一些新客户。

27. 我搬到更好的社区。

28. 我的意见和想法愈来愈受上司的重视。

29. 我的老板更依赖我的专业才能。

30. 我参加国外旅游或考察。

31. 我比一向被视为榜样的人赢得更多名利。

32. 我比过去更会存钱。

33. 我在同行之间小有名气。

34. 我对我的工作质量更有自信。

35. 我控制了自己的饮食习惯。

36. 我的网球（或其他运动）技术有显著进步。

37. 我成功地完成生平最大的计划。

38. 我结交了一些益友。

39. 我比以前看了更多书（小说除外）。

40. 我比以前更能控制情绪与压力。

评分标准

凡是答"是"计1分，答"否"的不计分，计算总分。

测试结果

0～5分：你得分很低，除非已经登峰造极，无需再有什么晋升，否则，得分低的人有必要提升自己的职场能力。如果你被分在此组，你的职场能力令人担心，或是你缺乏方向或尚无目标，整天毫无目的。你应该努力改变现状，否则，你不可能抓住升迁的机会。

6～10分：你得分低，存在着与前者大致相同的毛病，但你比前者肯定会好一些，你需要的不是升迁的机会，而是在工作中集中精力，设定更明确的目标。

11～17分：你得分中等，就获得晋升的可能性而言，你比前面两者的机会大。你有充沛的精力和较明确的目标，而且你还有一定的成绩基础。你应该充分利用自己的职场能力，扩展自己的视野，朝既定目标努力迈进。加油！升迁，就在明天。

18～22分：你得分较高，你正努力增加自己成功的机会，但力量有必要集中一点。你就像手持霰弹枪，什么目标都想击中。只要不产生焦虑，这样做没什么不好。但最好谨记，成就的质量比成就的数量更重要，如果你能好好确定方向，抓住升迁的机会，获取更大的成功对你来说并非难事。

23分以上：你得分较高，你的能力很强，但你也很有野心，所以易杂乱无章，各种目标都想达到，这易使你因忙乱而错过成功的机会。你不妨与专家谈谈，或许你的成就动机很强烈，但却欠缺必要的知识和方向。

心理视点

你可以利用以下策略在职场上提升自己的职位和待遇。

（1）目前的工作领域里，你有没有能力胜任更高一层的工作？虽然，有时候你难免会遇到挫折，但还是要把握每一个机会，让别人知道，你有意愿和能力做更多贡献。

（2）当问题发生，你是否有能力解决（而不需把问题交给同事或上司）？如果你能降低上司的工作量，他会很感激你的。

（3）你有没有寻找及把握升迁机会？要知道，机会很少主动上门。

（4）你愿不愿意做别人不愿做的事，并在过程中汲取新技能？技能是职场的关键。你能胜任的工作越多，你的身价也就越高。不过，还是一句话：你必须为自己创造机会。

（5）你能不能为公司创造赚钱新管道？超级业务员往往比他们的上司赚更多钱，创造新产品、为现有产品注入新生命和开发新客户等等，都能为你在职场里带来更多的利益和影响力。

第二章

你希望自己有多成功

你是否掌握了成功的密码

测试导语

　　有人说成功的真正秘密，在于没有秘密。这种说法不无道理，因为成功的秘密不止一条，对于不同的人，多种不同的因素，决定着他们能否成功。而多种不同的因素恰恰是其中的秘密因素，要想知道自己是否掌握了成功的密码，做下面的测试就知道了。

　　对于下面的每道题，从1～5题中选择一个数字，表示你对该陈述的认同度或者适合你的程度。一共35道题，每条陈述只选择一个数字。选5表示你最认同、最适合于你，依次递减，1表示你最不认同、最不适合于你。

测试开始

1. 我是实干家，不是空想家。
2. 我努力工作是因为被自己内心的信仰和追求所驱动，而不仅仅是为了酬劳。
3. 在生活中，我总是自己创造机会，无论好坏。
4. 我总是觉得下班时间太早。
5. 我是那种总有很多工作要做的人。
6. 我是一个特别自信的人。
7. 我从不放弃好的计划。
8. 为了得到想要的东西，我有时会很无情。

9. 无论其社会地位如何，我总让人们感觉在我的公司工作是一段有意义的经历。

10. 完美是不可能的理想。

11. 尽力做好每一件事十分重要。

12. 人生的成功远远不限于实现自己设定的目标。

13. 如果放弃某种爱好能让我达到事业上的成功，我会毫不犹豫地放弃，即使这个爱好是我最喜欢的。

14. 我很喜欢刨根问底。

15. 我认为应当抓住人生的每一个机会，哪怕有时要冒一定的风险。

16. 我很容易对某一件事情长时间地集中注意力。

17. 我总是展望未来。

18. 我不是万金油式的"三脚猫"。

19. 我可以毫不费力地向别人表达自己的想法和感受。

20. 每一天我都感觉自己很自信。

21. 世界上没有所谓的好的失败者，尽管有些失败者的情形会略好一点。

22. 我不害怕成功，尽管这可能给我带来敌对者。

23. 永不放弃。

24. 如果不与其他人交往，不可能获得成功。

25. 当我在别人的公司时，我感觉自己很重要并且很特别。

26. 每个人都可以克服社会隔阂。

27. 我强烈认为，一旦开始工作，就要有始有终。

28. 我不喜欢听其他人吹嘘自己的成就。

29. 我比一般人的担忧要少得多。

30. 我从不采取折中办法。

31. 在很多人面前演讲时，我不会感到紧张。

32. 我不害怕失败。

33. 努力工作是成功之道。

34. 我很清楚 5 年后自己大概是什么样子。

35. 我是那种不断尝试的人。

评分标准

你选择 1～5 个数字中的哪一个，就计分为几，最后汇总得分。

测试结果

126～175 之间：你的得分表明，如果你现在还没有成功，那么你的成功也是指日可待；如果你已经获得一定程度的成功，那么你还将取得更大的成功。你几乎拥有成功所需要的所有条件，例如，性格、坚持、才能和想象力，当然还有最重要的雄心壮志，它激励你努力实现你的目标。

需要警惕的是，你要注意不要成为完全的工作狂，不要以牺牲家庭，或最终的个人幸福为代价。如果你能够成功地调整两者之间的平衡，那么无论是在个人生活还是事业生涯上，你都能够实现大部分目标。

90～125 之间：你确实渴望成功，并且拥有许多成功所需的品质，但是也许你应当工作得再努力一些，并且向自己再灌输一些自信心，相信自己可以获得成功。也许你仅仅是梦想成功，却没有指望梦想能够实现。你要明白只有依靠你自己才能够将这些梦想变成现实。的确，你工作很努力，但这是在为别人服务，还是在为自己而奋斗呢？如果是在为别人服务，那么请让自己相信：一分耕耘，一分收获，并且这些回报可以而且应当向着你自己的目标的方向前进。在说服自己之后，也许接下来就有必要说服别人。这听起来似乎并没有那么容易，但却是完全可能的，正如许多人已经证实的那样。

考虑设计自己的目标同样很有用。许多成功者都为自己设计目标，然后从自己目前所处的位置向目标迈进。这些目标可以是任何你想得到或者需要的，但是在设计目标时，应当考虑其他可选目标、其他人以及生活中的其他方面。提前做计划的好处在于，你心里很清楚自己真正的最终目标。在设定目标之后，下一步应当是采取正确的行动朝目标努力。

总分低于 90：如果希望在自己从事的领域中获得成功，你还需要付出大量的努力。但这真的是你最想得到的吗？你也许认为生活中快乐比成功更重要。事实上，对许多人而言，快乐就是成功。许多人认为只有实现自己的抱负才会快乐，另一些人则认为快乐是和谐的家庭生活、稳定的工作，以及正常的收入，无须太多压力和责任。另外，请记住成功的大小是不同的。对许多人而言，成功是拥有一份收入可观的稳定工作，并且能胜任工作；对另一些人，成功是在自己从事的行业中到达顶峰；还有一些人则认为成功不外乎名誉和财富。

心理视点

不同的人对成功的追求也千差万别，所以成功必备的条件、因素也各有不同。比如，歌唱家、画家、科学家等，他们要求特有的素质。但成功也需要共同的因素，如执着、自信、努力等，这就要求我们在迈向成功的道路上要认清目标、审视自己、努力奋斗！

成功的战术里你缺哪一招

测试导语

想要发财，想要成功，就要在多方面培养自己的高素质，可是我们并不都是全才，总有些不如人意的地方。你离成功还有多远？要想跨越成功的门槛你还需要什么能力呢？请做下面的测验吧，它能告诉你答案。

测试开始

如果头戴草帽的女巫师忽然降落在你面前，说："为了奖励你的勤恳和努力，伟大的神决定赐给你一种超能力，你想要哪一种？"

听完这段话，你会怎么回答这个女巫师呢？你所选择的能力就是潜意识中自己最缺乏的。

A. 自由飞翔

B. 透视能力

C. 意念控制力

D. 预知能力

E. 瞬间移动

测试结果

选择 A：你的潜意识中缺乏翻云覆雨的魄力。你离成功的距离并不远，只是你还没有看到成功大门也许就在你面前，你内心深处对于成功的渴望反而让你产生一种想远离峰顶的恐惧。即使你已经攀到了最高峰，还会问自己："我真的成功了吗？"不过你的谨慎也是一般人无法企及的。

选择 B：你的潜意识中缺乏应对人际交往的能力。可能你总是被一些阴险、烦琐的人际关系遮住了眼睛，总看不透人心险恶的一面，所以就想拥有一双慧眼，让自己看个清清楚楚。

选择 C：你的潜意识中缺乏毅力、耐性。其实你想拥有这种能力之后最想控制的对象是你自己。也许你成功的最大阻力就是你缺乏耐心和意志力。

选择 D：你的潜意识中缺乏经济能力。你是不是想知道下一期的大奖号码是多少啊？在金钱上你可能出现了一点问题，所以想找一条清晰的捷径来摆脱目前的困境。慢慢来吧！

选择 E：你的潜意识中缺乏体力。你对速度一定有很强的欲望。你要多注意自己的身体了，可能会有一些挺麻烦的毛病将要或者正在困扰着你，如果你的预感很准的话，就赶紧去看看吧。

心理视点

做完这个测试，你也知道了自己在成功方面的缺陷是什么了，如果你在潜意识中缺乏毅力、耐性，那么就要增强你的意志力；如果缺乏魄力，就要放下担子赶紧行动；如果缺乏体力，就要多锻炼；如果缺乏人际交往能力，那就提升自己的魅力和影响力；如果缺乏经济能力，那就想办法赚钱吧！

你的成功指数有多高

测试导语

成功的大门为有准备的人而开，"海阔凭鱼跃，天高任鸟飞"，你想成为一只傲视长空的雄鹰，还是一条跃进龙门的鲤鱼呢？做一下下面的测试，看看你的成功指数有多高，还可以顺便看看你的不足在何处，赶快开始吧！

测试开始

1.你去商场买衣服的时候，和另一个人同时决定买下同一件衣服，这时你会怎样做？
A.很有礼貌地让给那个人
B.一定要买到手
C.问问那人为何想要，两人商量一下

2.你对你现在从事的工作怎么看？
A.为了将来更出色打下坚实的基础
B.干得和大家一样好
C.争取做得比别人出色

3.如果你一天被偷了两部手机，你会有什么感觉？
A.觉得很羞耻
B.命中注定，今天被偷
C.一定是自己的问题，太不小心了

4. 你在家里正看书，如果突然发生强烈地震，你想你会怎么办？
A. 找个狭小的角落躲起来
B. 往外逃
C. 和家人们在一起

5. 你坐中巴出去旅行的时候，半路上汽车忽然抛锚，你会做什么？
A. 下车看看什么原因，帮帮忙
B. 在车上等
C. 乘机出去玩一会儿

6. 你比较向往下列哪种生活状态？
A. 艺术家自由自在的生活
B. 探险家新奇刺激的生活
C. 企业家充实勤奋的生活

7. 对"要想成事，先要做人"这句话你怎么看？
A. 真理
B. 废话
C. 一句空泛的哲理

8. 你在学生时代做过班级的管理工作吗？
A. 一直是干部
B. 没当过干部
C. 曾经做过班干部

9. 你一定玩过秋千吧？你荡秋千的时候通常是什么状态，还记得吗？
A. 能荡多高荡多高
B. 有节奏地来回荡
C. 坐在秋千上，随意晃动

10. 你认为你要发大财需要什么条件？
A. 机遇
B. 不懈地奋斗
C. 奋斗 + 机遇

评分标准

选项\题号\得分	1	2	3	4	5	6	7	8	9	10
A	1	2	2	3	3	1	3	3	3	1
B	2	1	1	2	2	2	1	1	2	2
C	3	3	3	1	1	3	2	2	1	3

测试结果

24～30分：成功指数80%，功到自然成。你能把握机遇战胜困难，是个难得的帅才，而且你具备成功的决心、智商和勇气。在挑战面前，你务实勤奋的精神，使你周围的人都深受感染。只要你尽力，命运就不会让你失望。

17～23分：成功指数49%，功亏一篑。成功往往与你擦肩而过。你的问题就在于你既想做事又想过舒服的日子，这样使两头都没有得到，经常离成功只有一步的时候失败。你应该增加一些信心和恒心，或许成功机会会大增。

10～16分：成功指数30%，功成不居。你对名利和权势不是特别热衷。因为你的生活目的和标准与别人不太一样，敏感浪漫的情怀使你很向往自由艺术的生活。所以在不经意间，你可能成就大事。这是强求不来的。

心理视点

成功的5大指数是：

（1）成功的欲望指数。你成功的欲望的强烈程度，决定了你成功的速度、高度，你的心有多大，舞台就有多大，我们都想成功，但成功的意愿到底有多强，比求生的欲望还强吗？

（2）抗挫指数。挫折与挑战每时每刻都在我们成功的道路上，我们每天都可能会碰壁，但我们比好莱坞明星史泰龙为了成功遇到的挫败还多吗？他为了实现自己成为一个电影演员的梦想可以失败近600多次，而我们，受到了多少挫折呢？

（3）学习指数。21世纪比的是学习力，一个成功的人一定是一个爱学习的人，不论文凭有多高，我们一定要努力学习，只有成为内行、专家，我们才能做好我们的事业。

（4）执行力指数。设定了明确的目标，但没想方设法用尽自己的全力去做、去执行，怎么会成功呢。许多成功的人士告诉了我们他们的经验，我们有照他们的方法去执行的吗？

（5）行动力指数。再大的目标，如果我们每天不按自己的计划去行动、去做，成功还是很难。改变自己的习惯，一定能成功。

何时为你的最佳创业时机

测试导语

创业是很多年轻人的梦想，创业可以实现人的梦想，实现自己的人生价值，使生命更有意义。可是创业需要创业时机，只有创业时机到了才能创业，要不然失败的可能性会大一些。想知道自己的创业时机是否到来了，请做下面的测试。

测试开始

正酣然入睡的你忽然被手机铃声惊醒，你会做何反应呢？

A. 立即接通

B. 拒接

C. 看完电话号码后决定

D. 不理睬继续睡

测试结果

选A：敏感的反应验证了你"求机若渴"的心态，开创事业的机遇也随之而来了，并且来得非常突然，让你有些摸不着头脑，抓住时机迎接挑战吧，但切记要具体问题具体分析，适时而动。

选B：你不追逐名利，对自己的生活现状比较满意，对未来是"过了今天再说"的心态，忙碌的你却不会因此而失去发财的机会。

选C：你是位处事不惊的人，能够相时而动，把握有利时机。沉稳的你往往会在失意中出现佳机，并且此时还会有人大力扶持，记住：失败不要气馁，成功就要到来！

选D：看来你确实太累啦，一直在为事业奔波劳累的你饱受过不少失败，致使你对未来失去了信心。调整心态，重新开始吧，在你重整旗鼓后不久，真正适合自己的创业时机就会到来。

心理视点

创业其实是一件水到渠成的事情。当你有了一定的准备,就像水烧开一样,这时候揭锅就刚刚好。具体来说,要具备以下几个条件:

（1）你是否具备当领导的能力,你当领导是不是有人服气?

（2）你的手上有没有合适的、可能会赚钱的项目?没有项目,只有满腔热血和激情,是不适合创业的。

（3）你有没有合适的、很能干的搭档?如果不知道自己的合作伙伴是谁,那你创业多半不会成功。这是创业要具备的最基本的条件。

具有创业梦想的人不妨问问自己:"我是否具备了以上3个条件?"如果答案是"是",那么,你的创业时机到了。

你会运用"手腕"吗

测试导语

有时,人们必须用一定的方法来争取自己的利益,你能这样做而不引起损失吗?请选择你完全支持或者在很大程度上支持的选项。

测试开始

1. 我觉得警察有时可以触犯法律。

2. 在婚姻中丈夫有性生活的权利。

3. 就算对于比较小的违法行为,《旧约》中的法则"以眼还眼,以牙还牙"也应该发挥作用。

4. 在生活中总是老实、忠诚的人无法应对一切。

5. 贿赂当然是必须被禁止的,但是我能够理解那些收受贿赂的人。

6. 我认为失业者中的大多数人只是因为懒惰。

7. 我赞成死刑,比如犯了谋杀罪的犯人应被判死刑。

8. 我绝对不会改变我的生活方式。

9. 如果服用兴奋剂不能被完全控制,那么我们的运动员也应该可以服用兴奋剂。

10. 每个人都有自卫的权利,即使这可能造成死亡。

11. 人们应该在他人面前尽可能地隐藏自己的真实感情。

12. 我很愿意自我批评,所以不需要别人再批评我了。

13. 今天人们不应该再因为第二次世界大战而责骂德国。

14. 在看到世界上的所有困苦时，人们只能视而不见、充耳不闻。

15. 人们必须抑制工作岗位上的竞争——领导一职的数量毕竟很少。

16. 我认为母亲打孩子一个耳光是很正常的事。

17. 在报税的时候每个人都可以为自己的利益而撒个小谎。

18. 我很在乎我的另一半会不会出轨。

19. 信任别人的人会很快被抛弃。

20. 几百万人民币对于银行来说是只是一个小数目。如果我有机会进行一次成功的银行抢劫，而不在抢劫的过程中伤害任何人，并且保证不会被逮捕，我会考虑这样做。

21. 我理解那些时不时装病而不去上班的人。

22. 有时候我很高兴又出现了一些右翼极端分子，尽管我不总是同意他们的政治观点。

23. 当一个国家为进行严厉整顿而采取有力措施的时候，有时候无辜者的利益会受到损害，但是这与秩序的创造并不矛盾。

24. 一个国家如果感到自己受到威胁了，那么它不应该进行谈判，而应该扩充军备。

25. 生活中最重要的是不要成为任何人的负担。

26. 今天的年轻人对于他们自己能够做到的事情提出了太过分的要求。

27. 自我控制对于大多数人来讲都比较困难——但是我却能够做到这一点。

28. 社会救济只应该给予那些在 100 千米范围内实在找不到工作的人。

29. 虽然丈夫打妻子是不好的，但这样的事情甚至在最和谐的家庭里也可能出现。这时候人们不应该小题大做。

30. 法律应该规定为那些失业的年轻人提供工作，即使干这些工作不会挣很多钱，但却能使他们远离饥饿。

31. 在经济生活中，用尽快的速度获取更多的钱是符合道德标准的。

32. 有一次外遇不会损害我的婚姻。

33. 如果我的家庭受到了威胁，我会武装我自己。

34. 没有自我困扰的人是没有太多价值的。

35. 对我最好的朋友，我也不总是十分信任。

36. 道路建设比自然保护更为重要。

评分标准

计算你支持或在很大程度上支持的选项数，每选一个得 1 分,计算出总分。

测试结果

少于 13 分：你在使用你的"手腕"方面有困难。你很温和，很谨慎，爱动脑筋，对于你来说，显示你的力量是不好的事情，也许你面对生活时也经常感到无能为力。这个测试中的大多说法对于你来说都是不好的，因为它们描绘的不是一个美妙的世界。它们描绘了很多"手腕"，我们就是生活在一个充满这些"手腕"的世界里。面对这些人，我们必须表现出强硬态度，其他方法对这些人都没有作用。

13～20分：你能够利用你的"手腕"，而且你也这样做了，然而是有限度的。你总是想到别人的权利，因为知道自私自利会使人无论在家庭里或者在工作中都无法有意义地与人共同生活，这个地球上的人们就是由于自私的利益而无法和平相处的，所以，如果你对别人有好感，那么对你来说，收起你的"手腕"就比较容易。遗憾的是，如果别人的生活方式不能获得你的好感，你就会觉得这样做很不容易。这时，你就会产生自己的生活方式被人怀疑的感觉，这种感觉在绝大多数时候是由于无知和缺乏理智而导致的。因为一旦人们和那些对于自己来说陌生的人们建立了联系，就会产生好感。这是一种自然法则。

20分以上：你善于运用你的"手腕"。当别人顾虑重重，或者产生道德上思考的时候，你会在自己开辟的道路上无所顾忌、勇往直前。你的做事原则是："先下手为强。"你相信：如果世界上的每一个人都考虑自己的利益，那么就能够做到最公平。但是遗憾的是事情并非如此，因为世界上的大部分痛苦都源于自私自利。今天我们必须为多方面的利益而奋斗，而不只是为自己的利益。

心理视点

无论做什么事情，都要学会巧用"手腕"，在保证自己正当利益的前提下，让别人也同样有所收获，并且能维持双方的和睦友好关系。有的人认为运用"手腕"就是耍心眼，将它与阴谋诡计联系在一起，但是为了自己和他人的正当利益，运用一些恰当的技巧，实现双赢，何乐而不为呢？

你会取得多大的成就

测试导语

成功到底凭什么？当初一同来到单位的同事，资格、学历都不相上下，同样举目无亲，背井离乡来到京城，为何他已扶摇直上，而你却徘徊不前？

实力相当，但为何最终跑赢的是他而不是你?

要想在事业上取得成就，先要问问自己有否成就欲和积极性。究竟如何，通过下面这个测验就可知道。

测试开始

1. 当你在工作上遇到困难时，你会：
A. 想办法自己解决
B. 选择逃避
C. 求助他人

2. 你现在的工作态度是：
A. 要出人头地
B. 干得和大家差不多就行了
C. 做得比别人好一点点

3. 你部门刚好有一个管理职位的空缺，你认为自己可以胜任，你会：
A. 当仁不让，积极争取
B. 等上司钦点
C. 无所谓

4. 公司突然停电，你会：
A. 帮忙查明停电原因及想法解决
B. 等人维修后再继续工作
C. 反正停电，不如出去歇歇。

5. 你在公司暗恋的对象被人追求，你会：
A. 当无事发生
B. 誓要把心爱的人抢到手
C. 另选第二个目标

6. "要赢人，先要赢自己"，你认为：
A. 是真理
B. 未必人人做到
C. 十分老套

评分标准

选项\\得分\\题号	1	2	3	4	5	6
A	3	3	3	3	1	3
B	1	1	2	2	3	2
C	2	2	1	1	2	1

测试结果

15～18分：积极向上，成功在望！你心目中有远大的目标，为了实现理想你会坚持不懈，即使遇到困难挫折也不会罢手。你同时具备积极性和成就欲，由于你充满自信，故任何事在你眼中都是轻而易举的。但要小心自视过高会弄巧成拙，你应该听过"聪明反被聪明误"这句话，凡事都要适可而止。

11～14分：野心不大，尚算积极！你在实现一个目标时，有一定的积极性，但却缺乏持续性和主动性。当追求的目标一旦实现时，你就会停手。你很容易满足，也没有大野心，只是感到面临危机时，你才会着手计划下一步行动。

6～10分：安于现状，自得其乐！你比较安于现状，不习惯接受新事物、新挑战。即使现实生活需要你做出抉择时，你不是犹豫不决就是退避三舍。虽然成就欲和积极性都欠缺，但你的人生追求并不在此处，你或许喜欢结交朋友，或许有自己十分感兴趣的业余爱好，那才是你的乐趣所在。工作方面，你甘于接受简单易做的工作，并自得其乐。

心理视点

不管是获得奖状、考100分或加薪，成就都可以给人带来正面的增强作用，增加人的自信。但是成功的人都知道，仅仅设定目标并设法达成，并不能保证带来成功，重要的是要设定切合实际的目标，好让自己更接近成功。

专家建议，最好每12个月就设定一些实际且有重心的目标，按部就班地去做。目标若没有重心，力量就会分散，成就也会显得凌乱而没有方向。

国外的测验结果显示，在成功的人当中，得分高并不代表最有成就。事实上，最成功的人在一年当中成就的事项不一定很多。

第三章

你具备当领导的潜质吗

你是个知人善任的管理者吗

测试导语

领导者除了要具备识人、管人的能力外，还要具有用人的能力。可以说，拥有任何一种学问，只能利用少量的资源；而学会用人，却可以利用万物，甚至掌握这个世界。而你是否具备用人的能力呢？以下测试将告诉你答案。

请根据不同的情况，选择你认为最合适的答案。

测试开始

1. 作为一个超市经理，你应当给新雇员米琪指派怎样的工作任务？
A. 最广泛地面向超市各个方面的工作
B. 尽量与大家在一起，以确保多方面地学习
C. 这项工作提供取得具体成果的机会

2. 马丽是一个没有经验的、刚开始工作的会计，你认为应该给她安排什么工作？
A. 准备财务比较报告
B. 阐释财务报告
C. 核对、检查小额现金单据
D. 不安排任何工作，先学习

3. 你在一家大型家具公司生产部门，刚被任命为一个新组建的 4 人改造项目组负责人，你有 6 个月的时间去完成某项具体的任务。这个工作并非不可能完成的任务，但它要求采取迅速和果断的行动。3 个人被分配到你的组里，他们有的态度热情，有的却漠不关心。尽管你的主管已告诉过你，如果需要，你可以将某人调离团队，但是你作为项目负责人的头一件工作，是同每一个人交谈，激发他们的积极性，以达到团队的目标。

你谈话的第一个对象是安，她对这个项目表现得非常兴奋，并盼望着马上开始工作。她在公司里提升得很快，并把这个项目视为进一步证明其能力的机会。当你问她对紧迫的限期有何感想时，她说："我想我们能做得到，但大家必须齐心协力，同舟共济。我知道自己已做好准备，也真的盼望着有机会做出一些有益的贡献。"你对此做出反应，说：

A．"谢谢你的投入。在一个项目中，有这样的热情参与总是好的。但是，请记住，在这一点上，我们所有人都是团队的一员，我们必须团结协作，必须警惕个人出风头的诱惑。"

B．"谢谢你的投入。我将在本周的某个时候告诉你，你将担任什么样的角色。"

C．"谢谢你的投入。在一个项目中，有这样的热情参与总是好的。我希望在未来的工作中，你将发挥一份重要的作用。"

4. 你会见的第二个人是鲍伯，他对项目表现出适度的热情，但似乎对期限有些担心。他一直是一位办事可靠、值得信赖的人。但他从不是一颗耀眼的明星或是一个真正的冒险家。当你问他对紧迫的限期有何感想时，他说："我的确喜欢这一任务。但我担心我们可能没有足够的时间做好它。我也没有把握我们是否有所需的资源可供利用。但是，你知道，安对此确实有一手的。"你对此做出反应，说：

A．"哦，这是一个值得注意的担忧，但我认为你实在没有这个担心的必要。我们的一切都置于控制之下，我深信我们团队将会干得很好，会有更大的发展。我知道安和我想的一样，你何不在我们召开首次全体会议之前，与她谈谈并了解她对这些问题的反应呢？"

B．"我理解你的担忧，但我很高兴你喜欢这个任务。我打赌，如果你和安作为团队的核心一起协同工作，我们会如愿以偿的。"

C．"感谢你的分析和投入。不幸的是，我们大家都被这个最后限期和资源问题困住了。我希望我能够做点什么来解决它，但你知道，那些高高在上的家伙只给我们他们认为必要的东西，而不是真正必要的东西。"

5. 你会见的第三个人是拉尔夫，他是一个把"事不关己，高高挂起"奉为生活准则的人，他的习惯动作是耸肩膀，他的口头禅是："谁知道？谁在乎？"他对这个项目漠不关心，看起来也不想为它付出任何精力。当你询问他对你们大家都面临的紧迫限期有何感想时，他说："呵呵，我不知道。我觉得在这样短的时间内，很难完成这个项目。"你对此做出反应，说：

A. "我能理解你的担心。你与鲍伯和安一道工作，他们都非常乐观，我想我们该与团队一起弄清楚我们的担心，并准备一个行动方案。我们需要非常紧密地一起工作，利用我们团队的潜在优势，达到这一目标。在这里，它当然对我们大家都是重要的。"

B. "我能理解你的担心。你为什么不去见见鲍伯和安，让他们给你解释解释？告诉他们你的担心，听听他们的意见。他们正准备采取行动，会给你指出正确的方向。"

C. "我知道你很多的保留意见。你为什么不将你意见一件件地说给我听，我们可以看看哪一件是重点。"

6. 你是个从普通职工提升起来的经理，你工作繁忙，同时你的部门有一系列复杂的日常事务，你知道自己比手下任何人都更胜任这些事务，那么，你会：

A. 还是由自己做最妥当
B. 把这些事务派给几个下属去做
C. 自己做一部分，让下属做一部分

7. 激励员工应当采取奖赏而不是惩罚的方法，主要原因是：

A. 没有人喜欢受到惩罚
B. 奖赏常常使人热切地参与合作
C. 从长远看惩罚常常没有太大效果
D. 惩罚从来不能严厉到足以产生很大作用的程度

8. 一个部门经理应当意识到通常最好不要：

A. 给直接下属委派特定而明确的职责
B. 授权给所有职责已经分派好的部门
C. 使一个下属对一个以上的主管负责
D. 检查任务的进展情况

9. 在进行大规模的变革时，如果有一批人不愿意参与进来，你最好的行动方针是：
A. 尽力让他们都参与。否则，他们会使你的变革脱离轨道

B.把他们和那些在变革中充当先锋的人隔离开来，尽量将他们清除出现在的机构

C.给他们提供参与的机会，但不要花太大力气，把精力集中在态度积极的人身上

10.一个高级部门主管授权给一个低级部门主管的首要原因是：

A.使高级主管有时间和精力去做更重要的工作

B.给这个低级主管提供一个晋升的机会

C.看看这个低级主管能不能找到新的或更好的完成任务的方法

评分标准

参考答案：

1.C 2.C 3.C 4.B 5.A 6.B 7.B 8.C 9.C 10.A

对照上述答案，每答对一题得1分，计算你的总分。

测试结果

0～5分：你的用人能力较差，除非你不在职场中，否则，你只能是被管理者，而不能成为管理者。因为你不具备优秀领导者的用人能力。其实作为被管理者也是有好处的，因为，全是将军没有士兵是不可能的，而且你在团队中可以向优秀的领导者多多学习，在生活中多多提高自己的素质。"笨鸟先飞"，只要你肯努力，机会总会有的。

6～8分：说明你具备一定的用人能力，不过你还不具备优秀领导者用人的素质，要想使自己未来职场开拓的前景更加广阔，你要努力提高自己的用人能力，有备而无患，这将更有利于你未来的发展。

9～10分：说明你具备较强的用人能力，如果你是领导者，你能知人善任，充分授权，把握好用人的尺度，同时也能处理好所用者在工作中出现的一些具体问题。你具备领导者的素质，希望你继续努力。

心理视点

一个管理者各方面的才能，并不一定都要高于下属，但用人方面的才能却要出类拔萃。知人善任，活用人、巧用人、用好每一个人，这是管理者成功的一个关键因素。掌握用人之道，可以从以下几个方面入手。

慧眼识才，悉心育才；不拘一格，知人善任；合理授权，指挥若定；恩威并施，赏罚分明；以身作则，树立威信；放下身段，关心下属；晓之以理，动之以情；疑人也用，用人也疑；容人之短，用人之长；集合众智，无往不利。

你具备做领导的潜质吗

测试导语

当领导不仅要有管理者的素质，还要有"荣华富贵如浮云"的心态，"天塌地陷心自若"的风度，这些你都具备了吗？用"是"或"否"回答。

测试开始

1. 你经常让对方觉得不如你或比你差劲吗？
2. 你习惯于坦白自己的想法，而不考虑后果吗？
3. 你不喜欢标新立异吗？
4. 为了避免与人发生争执，即使你是对的，你也不愿发表意见吗？
5. 开车或坐车时，你曾经咒骂别的驾驶者吗？
6. 你总是让别人替你做重要的事吗？
7. 你遵守一般的法规吗？
8. 如果工作没有做好，你会有强烈的反应吗？
9. 与人争论时，你总爱争胜吗？
10. 你永远走在时尚的前列吗？
11. 别人拜托你帮忙，你很少拒绝吗？
12. 你是个不轻易忍受别人的人吗？
13. 你故意在穿着上吸引他人的注意吗？
14. 如果有人嘲笑你身上的衣服，你还会再穿它吗？
15. 你曾经穿那种好看却不舒服的衣服吗？
16. 你经常对人发誓吗？
17. 你曾经大力批评电视上的言论吗？
18. 你经常向别人说抱歉吗？
19. 你对反应较慢的人缺乏耐心吗？
20. 你喜欢将钱花在消费上，而胜过于个人成长吗？

评分标准

答"是"得1分，答"否"得0分。最后汇总得分。

测试结果

14 ～ 20分：你是个标准的跟随者，不适合领导别人。你喜欢被动地听人指挥。在紧急的情况下，你多半不会主动出头带领群众，但你很愿意跟大家配合。

7 ～ 13分：你是个介于领导者和跟随者之间的人。你可以随时带头，或指挥别人该怎么做。不过，因为你的个性不够积极，冲劲不足，所以常常是扮演跟随者的角色。

6分以下：你是个天生的领导者。你的个性很强，不愿接受别人的指挥。你喜欢使唤别人，如果别人不愿听从你的话，你就会变得很暴躁。

心理视点

有一些人担心自己不够资格担任"领导人"。这可能是他们过分相信领导能力是天生的这种说法。在我们的周围，的确有不少人有这种的想法。

但是，我们要知道95%的领导能力，都是靠后天努力培养出来的。你必须确信：每一个人都拥有许多尚未开发出来的领导潜能。同时，百分之百相信：绝大部分的领导能力，都可以通过持续性的学习、训练和实践逐渐养成。如果你有了以上的想法和信念，就说明，你身上已经拥有成为一位杰出领导者的基本素质了。

你是否具有决策力

测试导语

对于一位领导者而言，要想做出一流的业绩，取得非凡的成就，无疑需要具备多方面卓越的能力。但相比其他各项能力来说，决策力则是重中之重。

因为决策是团队管理的起始点，也是团队兴衰存亡的支撑点，更是影响领导者业绩和团队命运的关键点。

那么，想成为领导的你又是否具有决策力呢？身为领导者的你是不是一个优秀的领导者呢？做完下述测试你就会知道。

测试开始

1.你的分析能力如何？

A.我喜欢通盘考虑，不喜欢在细节上考虑太多

B. 我喜欢先做好计划，然后根据计划行事

C. 认真考虑每件事，尽可能地延迟应答

2. 你能迅速地做出决定吗？

A. 我能迅速地做出决定，而且不后悔

B. 我需要时间，不过我最后一定能做出决定

C. 我需要慢慢来，如果不这样的话，我通常会把事情搞得一团糟

3. 进行一项艰难的决策时，你有多高的热情？

A. 我做好了一切准备，无论结果怎样，我都可以接受

B. 如果是必需的，我会做，但我并不欣赏这一过程

C. 一般情况下，我都会避免这种情况，我认为最终都会有结果的

4. 你会保留旧衣服吗？

A. 买了新衣服，就会捐出旧衣服

B. 旧衣服有感情价值，我会保留一部分

C. 我还有高中时代的衣服，我会保留一切

5. 如果出现问题，你会：

A. 立即道歉，并承担责任

B. 找借口，说是失误了

C. 责怪别人，说主意不是我出的

6. 如果你的决定遭到了大家的反对，你的感觉如何？

A. 我知道如何捍卫自己的观点，而且我依然会和他们做朋友

B. 首先我会试图维持大家之间的和平状态，并希望他们能理解

C. 这种情况下，我通常会听别人的

7. 在别人眼里你是一个乐观的人吗？

A. 朋友叫我"拉拉队长"，他们很依赖我

B. 我努力做到乐观，不过有时候，我还是很悲观

C. 我的角色通常是"恶魔鼓吹者"，我很现实

8. 你喜欢冒险吗？

A. 我喜欢冒险，这是生活中比较有意义的事

B. 我喜欢偶尔冒冒险，不过我需要好好考虑一下

C. 不能确定，如果没有必要，我为什么要冒险呢

9. 你有多独立？

A. 我不在乎一个人住，我喜欢自己做决定

B. 我更喜欢和别人一起住，我乐于做出让步

C. 我的配偶做大部分的决定，我不喜欢参与

10. 让自己符合别人的期望，对你来讲有很重要吗？

A. 不是很重要，我首先要对自己负责

B. 通常我会努力满足他们，不过我也有自己的底线

C. 非常重要，我不能冒险失去与他们的合作

评分标准

选 A 计 10 分，选 B 计 5 分，选 C 计 1 分，最后汇总得分。

测试结果

24 分以下：差。你现在的决策方式将导致"分析性瘫痪"。这种方式对你的职场发展来讲是一种障碍。你需要改进的地方可能有下列几个方面：太喜欢取悦别人，考虑过多，太依赖别人，因为恐惧而退却，因为困难而放弃，害怕失败，害怕冒险，无力对后果负责。测试中，选项 A 代表了一个有效的决策者所需要的技巧和行为。做一个表，列出改进你决策方式的办法。考虑阅读一些有关决策方式的书籍；咨询专业顾问。

25 ~ 49 分：中下。你的决策方式可能比较缓慢，而且会影响到你的职场发展。你需要改进的地方可能是下列一个或几个方面：太在意别人的看法和想法，把注意力集中于别人的观点之上，做决策畏畏缩缩，不敢对后果负责。这样的话，就需要你调整自己的心态，并做一个表，列出改进你决策方式的办法。

50 ~ 74 分：一般。你有潜力成为一个好的决策者。不过你存在一些需要克服的弱点。你可能太喜欢取悦别人，或者你的分析性太强，也可能你过于依赖别人，有时还会因为恐惧而止步不前。要确定自己到底哪些方面需要改进，你可以重新看题，把你的答案和选项 A 进行对照。做一个表，列出改进你决策方式的办法。

75 ~ 99 分：非常不错。你是个十分有效率的决策者。虽然有时你可能

会遇到思想上的障碍，减缓你前进的步伐，但是你有足够的精神力量继续前进，并为你的生活带来变化。不过，在前进的道路上要随时警惕障碍的出现，充分发挥你的力量，这种力量会决定一切。

满分 100 分：很棒。完美的分数！你的决策方式对于你的职场发展是一笔真正的财富。

🔒 心理视点

决策能力是指根据既定目标认识现状、预测未来、决定最优行动方案的能力，是管理者的素质、知识结构、对困难的承受力、思维方式、判断能力和创新精神等在决策方面的综合表现。美国著名管理学家西蒙曾经说过这样一句名言："管理就是决策。"无独有偶，号称"现代企业管理之父"的德鲁克也说："不论管理者做什么，他都是通过决策进行的。"德鲁克甚至断言："管理始终是一个决策的过程。"

所以，我们要想成为一名出色的领导者，就必须提高自己的决策能力。

你具备亲和力吗

💬 测试导语

亲和力是一个领导者的必备素质，是领导与员工的黏合剂，要想让员工忠诚于你，把你的事业当作自己的事业去努力拼搏，就要善于与员工打成一片，真正融入员工中去。不但要关心组织内部的具体工作，而且要将员工视为主人翁。要想知道你是否具备亲和力，那就赶快测试一下吧。

✏️ 测试开始

1. 近期工作很多，你的下属却在此时提出请假，而且是因为私人的事情（对他来说很重要）。你会怎么做呢？
A. 由于工作太忙，不予批准
B. 告诉他你很想帮助他，但现在实在是太忙了
C. 给他一定的时间，让他安心处理好事情，并尽可能给予帮助

2. 假如你是刚上任的部门经理，你会怎样处理与下属的关系？
A. 公是公、私是私，不与下属有过多私人交往

B. 新官上任三把火，对下属严格要求树立自己的威信

C. 主动与下属交朋友，参加集体活动

3. 作为经理，在实施重要计划之前，你认为：

A. 先取得下属赞同

B. 自己要有魄力决定一切

C. 应该由下属决定一切

4. 你对下属的看法是：

A. 对能力较差的下属应多监督

B. 应亲近能力较强的下属

C. 应以平等的态度对待每一名下属

5. 如果你是位经理，你的下属大卫生病请假了，你会怎么做呢？

A. 利用业余时间去照顾他，希望他早日康复

B. 打个电话问候一下

C. 一听说他生病了就去看他

6. 你是经理，一位下属向你献上有关提高效率的建议，他的建议是你过去已想过并打算实施的，那么，下面哪种方法较好？

A. 告诉他你真实的想法，但也对他给予充分的肯定

B. 闭口不提你以前的想法，只先赞扬他的建议

C. 告诉他这是自己早就想到的，并且正准备实施

7. 你是经理，你的下属在工作中出了错误，而且给公司带来了很大的损失，公司上层准备严肃处理，此时，你会怎么办？

A. 让下属认识事情的严重性，让他作自我检讨

B. 安慰犯错的下属，告诉他谁都可能犯错

C. 与下属一起思过，主动与下属一起承担责任

8. 你希望一位执拗的同事按你的建议去做，你会怎么办？

A. 尽量使他认识到你的建议至少有一部分出自他的头脑

B. 尽量找出他建议中的问题让他主动放弃

C. 说出自己建议的优点让他接受

9.假设你是鞋店老板，有位女士来你店中买鞋，由于她右足略大于左足，总也找不到她能穿的鞋，你觉得应该如何解释，你将如何措辞？

A."女士，你的右脚比左脚大。"

B."女士，你的左脚比右脚小。"

C."女士，你的两只脚不一样大。"

10.关于对下属进行赞扬或批评，你的看法是：

A.对犯错的下属要严厉批评，以免重蹈覆辙

B.经常赞美下属，使他们积极地工作

C.慎用赞美，以免下属过于骄傲自满

评分标准

参考答案：

1.C 2.C 3.A 4.C 5.B 6.A 7.C 8.A 9.B 10.B

根据答案计算出你答对题目的总数。

测试结果

6题以下：说明你的亲和力较差，你缺乏领导者的素质，现在不应做成为领导者的美梦，应该在生活中、工作中多多培养自己的亲和力，与人为善、平易近人，都应是你的座右铭。

6~8题：说明你的亲和力一般，你也许能成为领导者，可你不会是一个优秀的领导者。但也不必气馁，在工作中你应与同事打成一片，和他们建立深厚的友谊，只要拥有深厚的友谊，谁又能说你不具备亲和力呢？

8题以上：说明你具有较强的亲和力，如果你成为领导者，你会注意与下属交往时的话语，你关心下属、勇于承担责任，你会与员工之间结下浓厚的友情，在你的领导下，团队的内部气氛十分和谐。可以说，你会是一位受下属爱戴、敬仰的领导。

心理视点

亲和力，在自然科学里指两种或两种以上物质结合成化合物时相互作用的力。亲合力也用于人际关系，是指一个人在面对某些人、人群或某件事上所表现出来的亲近感，以及人们对其所表现出的亲近感的认同、接受程度或保持程度。亲和力是一个人无形的魅力，亲和力在一个人的性格上具体表现为幽默、谦和、智慧、诚信等，在人际关系上表现为与人相处时的一种和谐。

一种自在，一种超脱。亲和力对一个人事业的成败有着很重要作用，尤其对于领导来说，是更至关重要的。

领导者及其组织要想生存、发展，进而求得事业的成功，必须提升自己的亲和力。

你具备识人能力吗

测试导语

一个优秀的管理者，必须做到"慧眼识英才"。管理者只有具备识人的能力，才能用自己卓越的眼光为公司发掘优秀的人才，为团队注入新鲜的血液，使他们在团队中充分发挥自己独特的价值和作用。

本测试可以测出你是否具备优秀管理者识人的能力，共10题，请根据不同的情况选择你认为最合适的答案。

测试开始

1. 在招聘时，搜集许多不同候选人的信息，最有效的形式是：

A. 运用非常固定的形式，预先拟定一份核心问题清单，对每个申请者都提问这些问题

B. 运用非常宽松的形式，允许每个申请人都讲出他最重要的业绩

C. 运用一种刨根问底的形式，对每个申请人的过去都进行深入的了解

2. 当你挑选一个雇员担任一项管理职务时，你应该对申请人的下列哪项条件给予最大重视？

A. 智力和所受正规教育

B. 完成将要被其管理的工作的能力

C. 对于这项工作的了解以及担任领导者的潜力

D. 对于公司的忠诚

3. 对于一位秘书来说，下面哪种品质是你最想要的：

A. 正直

B. 自尊

C. 幽默感

D. 准确

4.你的公司招聘一名销售主管，你认为下列 4 位中哪一位最不适合？

A.麦克，乐于承担责任

B.吉姆，智力上比其他 3 位优秀

C.大卫，有教导和激励他人的能力

D.伊万，常常喜怒无常，能使销售人员保持警觉和注意

5.假设你是一家餐馆的业主，你正在物色一位新的经理。你接见的第一位应聘者二十多年来经营过各种不同类型的餐馆，在她向你递交了履历，你与她进行了一些例行的寒暄后，谈到的第一件事是：

A."你为什么不向我从头到尾介绍一下你的履历，并告诉我，你在过去的每个职务中具体担任什么职责呢？"

B."我们暂时把你的履历放在一边，你可以告诉我一些关于你以前工作的经历吗？"

C."在我们对你进行资格考察之前，你对这个职务有什么问题吗？"

6.从管理的角度看。一个新雇的办公室办事员最理想的品质是：

A.热切地就工作的各个方面提出问题

B.胜任所委派的工作任务的能力

C.能够把其他人组织起来的能力

7.你是一个跨国企业总裁，现有如下 4 个部门负责人，如果你必须从这 4 人中晋升 1 位，你会选择：

A.苏克，威信不是很高，但他有原则，对公司很忠诚

B.海曼，很讨领导喜欢，但他却与下属气氛紧张

C.约翰，能力较强，但他代理出纳时未经批准，私自借款 5000 元，到现在还是呆账

D.比尔，是个四平八稳的人，心眼不坏，也有工作能力，但比较安于现状

8.在进行首次聘用谈话时，听和说的时间比例是：

A.说比听多

B.听比说多

C.听说时间大致相等

9.在进行初次录用谈话时，谈话人和应聘者座位安排最好的是：

A.在一间办公室或会议室里,椅子相互挨着,或面对面着(中间不用桌子隔开),

营造一种轻松的氛围

B.在一间办公室或会议室里，面对面坐着（中间用桌子隔开），营造一种正式的、公事公办的氛围

C.外出到一个随意的场所，共进午餐或晚餐

10.你是某大型企业的经理,在招考干部时,有4人经过层层筛选来到了你这里,你问了这样一个问题:"当本企业与国家利益发生了冲突,你该如何处理？"4人回答如下,根据他们的回答,你认为谁是你要选择的对象：

A.伊万："应为企业利益着想。"

B.道姆："应为国家利益着想。"

C.汤姆："对于国家利益和企业利益不能兼顾的事，企业绝不染指。"

D.玛琳："征求员工意见，让广大员工决定一切。"

评分标准

参考答案：

1.C 2.C 3.D 4.D 5.B 6.B 7.A 8.B 9.A 10.C

根据答案，计算出答对题目的总数。

测试结果

如果你答对了0～5道题：说明你识人能力较差，在识人方面你很可能存在很大缺陷，但也不必气馁，多学习一些这方面的知识，你会有较大的提高。

如果你答对了6～8道题：不可否认你具备一定的识人能力，不过在这方面你存在着一些问题，你可能不知道用什么样的方法能让你招聘到合适的员工，你也可能不善于将合适的人放在最合适的工作岗位上，因此你的识人能力有待提高。

如果你答对了9道或10道题：说明你具备较高的识人能力，你懂得一些识人的技巧，更懂得"把合适的人放在合适的岗位上是一件有益的事情"，而且你具备一定的岗位分配能力，你还有很大的上升空间。

心理视点

了解一个人的本性有7个办法：

用离间的办法询问他对某事的看法，以考察他的志向、立场；故意用激烈的言辞激怒他，以考察他的气度及其应变的能力；就某个计划向他咨询，征求他的意见，以考察他的学识；告诉他大祸临头，以考察他的胆识、勇气；利

用喝酒的机会，使他大醉，以观察他的品性；用利益对他进行引诱，以考察他是否清廉；把某件事情交付给他去办，以考察他是否有信用，值得信任。

你拥有管人的艺术吗

测试导语

　　管人能力是管理者不可缺少的能力，美国著名的企业管理专家詹姆斯·哈伯雷曾说："管人之法，以服众为本。"领导者若要服众，就要有高人一等的素质、令人信服的手段。可以说，管人是一种能力，更是一种艺术，是管理者不可缺少的素质之一，也是企业要求管理者必备的能力之一。

　　本测试检验你是否具备优秀领导者管人的能力，共10题，请根据不同的场景，选择你认为最合适的答案。

测试开始

1. 你的一位下属与另一位下属之间发生严重的矛盾，前者找到你那里，你要做的第一件事是：

A. 把他们都叫来讨论他们的冲突

B. 不管他们，让他们自己解决问题

C. 分别与两个人单独沟通，做出你对冲突的评估

2. 你的一位下属鲍伯到你那儿抱怨他的同事萨莉，但是，他抱怨完后希望你不要再提起此事，或者做出什么举动。你的反应是：

A. "鲍伯，你如果和萨莉之间存在问题，而这一问题可能会影响对客户的服务，那么，你要求我不要做出什么举动，无疑将我置于一个尴尬的境地。很抱歉，我不得不调查此事。"

B. "鲍伯，如果那就是你想要的，那好吧。我不会采取任何举动，但我要提醒你，对于此事我有自己的想法，我不会根据一面之词而对萨莉有看法，对你也一样。"

C. "好吧，鲍伯，如果你和萨莉有这个问题，恐怕我得把你们两个叫到一起讨论讨论。我不能让我的两个下属反目成仇，老死不相往来。"

3. 当你把两个或更多的下属召集到一起讨论一个冲突时，你怎样做最有效：

A. 控制讨论，从每一位与会者那里捕捉每一个具体的信息

B. 询问一些问题，从每个与会者那里搜集信息，让他们彼此之间展开讨论

C. 不介入太多，只保证会议没有离题太远，失去控制

4. 假设你是某公司海外营销部经理，你从国内带去的一位下属的工资是你从本地招聘的最优秀的员工工资的两倍，你的员工对此很有意见，找你予以解决，你会：
A. 从其他方面予以补偿
B. 给他讲解公司政策
C. 精神上予以鼓励

5. 你是一个业务经理，你有 9 个办事员，其中一个办事员爱丽丝有抱怨。她抱怨的是和所有别的办事员相比，她的同事鲍勃的工作轻松得多，委派给他的任务也简单得多。你认为下列哪项行动最恰当？
A. 给你的 9 个办事员安排一次会议讨论这个问题
B. 探究爱丽丝抱怨的根据
C. 礼貌地解释说鲍勃的工作不关她的事
D. 减轻爱丽丝的工作负担并分一些给鲍勃

6. 当你的一个下属在工作表现中呈现出消极表现时（例如注意力不集中、悲观、懒散、优柔寡断、指责别人、疲乏等等），最好是：
A. 你一看到微小的变化，就同他讨论这个情况
B. 一发生特别的事件，就尽快地讨论这个情况
C. 等到发生了不止一个特别事件，或从其他下属那里得到确认，印证了你的判断，再与你的下属讨论这个情况

7. 你的一个下属汤姆到你那里说："约翰把工作弄得一团糟，他在过去的两天里将 3 个订单搞砸了。如果不立刻对他采取措施，我们会失去更多合同。"你的回答是："我知道了。"汤姆生气地说道："这话我以前就听过了，你到底管还是不管？"你说：
A. "我知道你在生约翰的气。我一做完这里的事就找他谈谈，处理你刚告诉我的问题。"
B. "我知道你在生约翰的气。你的任务是处理订单，告诉我你可能遇到的任何问题。你已经这样做了，现在它成了我的问题，让我来处理我的工作，你做你的，好吗？"
C. "听着，汤姆，这是我的问题，我认为合适的时候会处理的。我有自己的想法，到了合适的时机，我就会去做。而且坦率地说，我不喜欢按任何人的时间表

行事，也不喜欢受谁的约束。"

8. 你是当地大商厦的一家服装店经理，一天，店里只有你和另外一名雇员。你注意到顾客盈门，而你的这位下属却只管在后面整理陈列品。为了纠正她的做法，你走过去对你的下属说：

A. "我们店里顾客挤得水泄不通的，为什么你却还在后面消磨时间？我们在这里的首要任务是为顾客服务，而不是整理陈列品。从现在起，如果有什么事妨碍你服务顾客，立即向我报告。"

B. "谁让你到这后面整理陈列品的？是那些买主吗？如果他们认为陈列品很乱的话，让他们自己整理好了。"

C. "你能待会儿再整理这些陈列品吗？现在我们店里挤满了顾客。等这个高峰期稍稍过后，再向我解释关于陈列品的事。"

9. 你要对你的下属托尼进行测评谈话，为了确保他认真对待你给他的改进建议，并切实引起他的高度重视，最有效的方法是：

A. 你自己对他的表现填写一份测评表

B. 让托尼对自己的表现填写一份测评表

C. 你和托尼都对他的表现填写一份测评表

10. 当你必须训斥一名员工时，你会怎么做？

A. 私下训斥

B. 只写在正式的公司信笺上

C. 在喝咖啡的休息时间训斥

D. 先道歉，后训斥

评分标准

参考答案：

1.C　2.A　3.B　4.B　5.B　6.B　7.B　8.C　9.C　10.A

对照上述答案，每答对一题记1分，计算你的总得分。

测试结果

得分为 0 ~ 5 分：说明你的管人能力十分"拙劣"，你不了解管人需要的技巧，对人的观察、研究也不够。在你看来管理只是工作，而不是什么艺术。你与领导职位无缘，更适合从事那些具体的专项工作。

得分为 6 ~ 8 分：说明你的管人能力一般。平常情况下，你能够以合理恰当的方式使别人接受你的意见，按你的意图去做事。但若是情况特殊，你往往会情绪化，这是管理的大忌之一。这说明你的管理能力有待提高，否则你将很有可能与领导职位失之交臂。

得分为 9 ~ 10 分：说明你的管人能力比较优秀。你不是靠高压手段来解决问题，而是善于以理服人、用高超的技巧来使目的得以实现。应该恭喜你，你有资格成为一个团体的领导者、管理者。

心理视点

我国古代思想家孔子曾经说过："工欲善其事，必先利其器。"也就是说，要做好某项工艺或工作，必须先准备好工具和方法，而领导在管理的过程中也是如此，唯有掌握了高明的管理方法。具有超凡的管理能力，才能组建出一支优秀的团队，从而使企业具有蓬勃发展的生命力。如何提升自己的管理能力呢？一是总结经验，二是多学习、多思考，充实自己的管理知识。

你的说服力有多强

测试导语

你知道自己有多强的"说服力"吗？如果你还不是很清楚，请利用以下的测验做自我评估。

以下的每一组中都有 A、B 两题。先仔细阅读，然后再分析这两题，根据下面的评分标准给自己打分。

1.A、B 两题的总分是 3 分。

2.如果你觉得 A、B 两题都符合你的现状，比较常有的一题给 2 分，较少有的给 1 分。

3.如果 A 和你的现状完全一致，B 和你的现状不符，那么，A 给 3 分，B 得 0 分，反之，A 得 0 分，B 得 3 分。

测试开始

1.A——我有一整套划分清楚的短期、中期、长期目标；

B——我知道自己的大致整体目标是什么，但很少明确思索这个问题，也几乎从不跟别人讨论。

2.A——我会刻意记住刚相识者的名字，并且在交谈中适时称呼对方；

B——我能记得笑话、故事、食谱，以及各种琐碎的小事，可是我在记人名方面最差劲。

3.A——在设法说服别人接受我的看法时，我会精神亢奋；

　　B——我相信"人各有志"，所以不常花费心力去说服别人接受我的看法。

4.A——必要时我会格外努力工作，因为我想达成自己的目标，也因为我喜欢成功的感觉；

　　B——必要时我会格外努力工作，因为我不得不如此，而且我必须做别人的榜样。

5.A——我与人交谈时如果提出问题，对方常会略思索一下，然后说："你这个问题问得非常好。"

　　B——别人很少评判我提出的问题如何。

6.A——我听了对方说的话之后，会把他说的内容主旨重述一遍给他听，以证实我领会的意思无误；

　　B——我觉得重述一遍别人刚说过的话是多余且浪费时间的。

7.A——我随时不忘诚恳地赞美别人；

　　B——我觉得不宜随便称赞人，因为称赞了，别人会不当一回事，而且可能显得我是在讨好别人。

8.A——我在进行说服的过程中会运用许多比喻、类推等实例故事；

　　B——我认为，使人信服的是事实，不是个人的口才，所以在进行说服的时候只说事实、道理、论据。

9.A——如果事情是由我负责指挥，我会用相当多的时间向大家说明我们采取某一做法的确实原因；

　　B——如果事情由我负责指挥，我以完成任务为首要考量。有多余时间的话，我会向大家说明采取某一做法的确实原因。

10.A——如果有多个可行的方法供我选择，我通常会采用大多数人能够适应的一个；

　　B——如果有多个可行的方法供我选择，我会带领大家遵循我认为最妥当的方法。

测试结果

　　1. 你 A 题的总分高于 B 题总分，即 A ＞ B，你在领袖魅力的"说服力"方面表现尚佳。A 题总分比 B 题总分高得越多，显示你的说服力越好。如果两者的比例达到 2：1 时，恭喜你！你的说服力堪称一流了。

　　2. 你 A、B 题的总分很接近，即 A=B，你可要再多下点功夫了。

3.如果B题总分高过A题总分，即 A＜B，那你要多花点时间、金钱去向高手请教，从基本功开始学习和改进了。

🔒 心理视点

提高你说服力的秘诀：你如果是一名主管或某项目的负责人，或者是某个专业的权威，你要以不可置疑的、自信的、权威的腔调讲话；无论是向你的上司汇报工作，还是给下属布置任务，都要使用准确的词汇和简短的句子；根据你说话的对象，使用具体和专业术语和词汇；避免使用不必要的词汇和说一些与主题无关紧要的事；说话要直截了当，切中主题，抓住关键；话不要说绝，不要言过其实，不要夸张；对待听众要胸怀坦荡，切忌盛气凌人、不可一世；要学会外交家的风度和机敏，要有政治家的手腕及策略；要坦率而开诚布公地回答所有问题。

第四章

预见财神何时到你家

你是理财高手吗

📢 **测试导语**

理财并不是一件困难的事情，而且成功的理财还能为你创造更多的财富。如果你不学习理财，就可能面临经济上的窘迫。回答下面 15 个问题，算算你的得分，你就知道自己是不是理财高手了。

✏️ **测试开始**

1. 你是否对自己的消费支出做事先的规划？

A. 不会

B. 有时候

C. 经常

2. 你会预留资金作为应急用吗？

A. 不会

B. 有考虑

C. 会

3. 在朋友的眼中，你是怎样的一个人？

A. 对钱没有概念，花钱随意

B. 有时候会去挥霍一下

C. 花钱谨慎，精打细算

4. 你现在知道自己银行户头的存款数吗？

A. 不知道

B. 大约知道

C. 知道

5. 你经常存款吗？

A. 不经常

B. 有时候

C. 经常

6. 到了月底，你会发现：

A. 口袋空空，不知道钱花哪儿去了

B. 有时候能从众多花费中省出一部分累积存款

C. 每月固定存一部分

7. 当你有借贷需要时，你会：

A. 直接和自己的往来银行洽谈

B. 向朋友征询意见

C. 比较利率及循环期，选择最佳渠道

8. 你知道目前积压的信用卡账款数吗？

A. 不知道

B. 大约知道

C. 知道

9. 你的信用卡账款：

A. 一直在累计欠款中

B. 有时会出现循环利息，下个月注意补上

C. 通常会逐步增多

10. 当你使用信用卡时，你会：

A. 购买价格较高的产品，很少考虑卡上是否有钱

B. 与现金购物比较，心情放松多了

C. 与用现金购物一样谨慎考虑

11. 你是否曾使信用卡超过信用额度？

A. 常常如此

B. 有时候

C. 不曾有过

12. 当一件商品十分吸引你的目光时，你会：

A. 毫不犹豫地买下来

B. 考虑之后还是买了下来

C. 仔细盘算是否应该买下

13. 当你计划购买价格较高的产品，如电视机、冰箱等，你是否货比三家？

A. 不会

B. 有时候

C. 通常如此

14. 当你计划一个假期时：

A. 在账单结算时，总结过自己的预算

B. 允许自己享受一下豪华假期

C. 会事先制定预算，在计划内消费

15. 在度假时，你是否曾有过花费超过预算的情形？

A. 常常如此

B. 有时如此

C. 不会

评分标准

统计上述问题答案，选 A 可得 1 分，选 B 可得 2 分，选 C 可得 3 分，计算你的总分。

测试结果

15～25分：说明你是一个购物狂，应尽快开始制定预算，聪明地选择消费方式和理财方式。

26～35分：说明你做得还不错，将自己的银行存款保持在最佳平衡状态，只是还未发现某些更高明的理财手段。建议你审视一下自己的理财规划，并试试更大胆的决策。

36～45分：说明你是一个十足的理财高手，善于掌握财务风险，并能运用财务杠杆为自己创造财富。

心理视点

有很多好的做法，可以帮助我们开始自己的理财计划，以下6个要点完全可以帮助一个刚开始理财的人学会如何很好地控制其经济状况。这些规则会使你相信，从现在就开始制定一个理财计划绝对是个好主意，而且越早开始就越容易达到目标，即使是很小数目的投资都是值得的。

这6个理财要点是：

（1）记录财务情况。

（2）明确价值观和经济目标。

（3）确定净资产。

（4）了解收入及花销。

（5）制定预算，并参照实施。

（6）削减开销。

以上6个理财要点，可以帮助我们开始自己的理财生活。好的开始是成功的一半。长此以往坚持下去，相信你一定会实现自己的人生目标！

财神何时到你家

测试导语

尽管金钱不是衡量一个人成功与否的唯一标准，但在当今社会中，成功人士的口袋中缺钱的人为数不多，也就是说，有钱在一定程度上已经与有作为画上了等号。

也许你目前正处于锻炼自我、提高能力的阶段，虽有壮志，却无钱财，那你也不必着急，只要你掌握了积累财富的方法，何愁不发财呢？先做个测试吧！每题共有 3 个选项：A. 是；B. 不知道；C. 否。选择适合你的一项，看看财神何时到你家。

测试开始

1. 你经常买福利彩票吗？

2. 你喜欢吃甜食吗？

3. 你喜欢打麻将吗？

4. 你喜欢说些令人吃惊的话吗？

5. 你的体重适中吗？

6. 你常去商店买打折的物品吗？

7. 小时候你拥有许多玩具吗？

8. 你的亲友有人经商吗？

9. 你看到想要的东西一定要得到吗？

10. 你喜欢追逐时尚吗？

11. 你能独自一人完成一项任务吗？

12. 你从小到大从未缺过钱吗？

13. 在银行有你的户头吗？

14. 你很少借钱给别人吗？

15. 你觉得自己很聪明吗？

16. 你会同意以分期付款的方式买房、买车吗？

17. 你每月都去储蓄吗？

18. 你愿意为了大局牺牲小的利益吗？

19. 你会在公共场合捡起一角钱吗？

20. 你从没做过丢钱或被抢劫的梦吗？

评分标准

选 A 计 3 分，选 B 计 2 分，选 C 计 1 分，最后汇总得分。

测试结果

0 ~ 20 分：花钱如流水型。你的一生不会有太多的储蓄。你不是不能挣钱，而是不能存钱，"得过且过"、"今朝有酒今朝醉"这种观念在你心中根深蒂固，你只图眼前的享受，不为以后着想，丝毫没有储蓄的念头。计划用钱，减少开支，对你而言是件痛苦的事；出手大方，大量送礼赠物，这样会让你觉得很开心。很少考虑自己，常为了别人而大肆挥霍来满足自己的虚荣心。不过你却有赚钱的能力，能大量用钱也能大量赚钱，换句话说，你是属于高收入、高支出的类型。吃、喝、玩、乐不愁没钱，也不会陷于拮据。25～35岁间，赚钱、花钱最为显著。这时候若能好好攒钱，不过分挥霍，应会有舒适的晚年生活。

21～30分：老来有财运型。你小时候可能非常缺钱用，连零花钱也是少之又少，不过随着年龄的增长，在20、30岁后，你很能赚钱，而且你本身又不太浪费，也不随便借给人钱。对于钱财，你会谨慎使用，参加投资事业首先考虑的就是不动产股份公司、储蓄银行等事业。对于可获大利润但容易招致大亏空的投机业等，你不屑一顾，没有丝毫兴趣。

不过你必须按部就班、脚踏实地去赚钱、存钱，相信你会有比普通人多好几倍的机会。如果你赚钱后就急着去挥霍，就不可能成为大富翁。40岁左右是这类人赚钱的大好时机，投资金属、宝石、土地和不动产等，甚至独自经商，都是赚大钱的良机，成为亿万富翁也有可能；结婚时应该慎选配偶，善于管财的人是你的好对象，并因此可以脱离贫困的窘境。即使丧失了这些良机，纵使成不了亿万富翁，你也能成为小财主，过着舒适的晚年。

31～44分：缺乏财运型。因为你缺乏财运，自小就没有财神爷光顾，心中最好不要存有赚大钱的念头，也不能从事投机事业，否则不但赚不到钱，反而会吃不了兜着走的。

你的钱包里从没有可观数目的余钱，可以说是两手空空、家徒四壁的人。大约25岁才会有财运，生活上不再愁钱，但一接近30岁又再度面临缺钱的困境，也不可能得到双亲的接济。

这类人的财运在30～40岁之间最为重要，这时期一旦不能把握，过了50岁，想赚钱就更难了，反会为此受到家人的怨恨，对你敬而远之，因而易晚年孤独。所以你一生中存钱的唯一良方就是节俭，尽可能存钱，尽可能有计划地用钱，丝毫也不能浪费。在通货膨胀时期赚了钱，与其储蓄不如购置不动产来求稳固。社会变动激烈或经济混乱，最能发挥你赚钱的本领，孜孜不倦地赚钱，该用则用，该省则省，因此而能拥有几百万元的人也为数不少。这种攒钱的方式是有些辛苦，不过你的一生会很平安。

45～60分：财运滚滚型。不会满足于平凡的生活，憧憬飞黄腾达。虽有过分的欲望，可是不会招致严重的不幸。你是财运高照的类型，抱着与其孜孜不倦赚钱、存钱，不如意外发大财的想法。你的性格决定你30岁左右适合自己开工厂、制造商品，而且这种产品并非一般人能注意到的，由于没有竞争者，因此大赚其钱。女孩子也跟男孩子一样，能经营商业致富，婚后丈夫也可成巨富，这时期正是财运高照的时候，要是有更高明的手腕，成为巨富并非不可能。

这种在不知不觉间致富的机会，换成他人，反是一大风险。不过在 30 岁左右所赚的钱，也容易大量花费在异性身上，但也不会为此而弄得人财两空。你一缺钱，就会设法赚钱，到 50 岁财神爷再度降临，做任何事都能一帆风顺，生活上不会有拮据的困境。过了 60 岁，花掉的金钱虽想再赚回来，但已身不由己了。所以要为你的晚年生活留条后路。

心理视点

通过这个测试，你也知道了财神什么时候能到你家。并且测试结果中也有针对性地给了你建议，为了能让自己不为钱发愁，不妨调整一下理财方式。这样，财神会早日来到你家。

你有成为亿万富翁的潜质吗

测试导语

你能成为亿万富豪吗？你具备发大财的各种潜质吗？快来测测吧！

测试开始

1. 你的工作态度是：
A. 要出人头地
B. 做得比别人好一点儿
C. 和大家差不多就行了
D. 对付对付算了

2. 好友急着借钱，你会：
A. 毫不犹豫地借给他
B. 借一部分
C. 找借口推托
D. 先答应着，然后就当什么事都没发生

3. 你对新年诺言的态度是：
A. 维持 2 ~ 3 年
B. 到适当的时候就违背
C. 只能维持几天

D. 懒得去想

4. 你是否有这些经历：在农村生活；参军；换过 3 个以上职业？
A.3 种都有
B. 有 2 种
C. 有 1 种
D. 都没有

5. 虽然你对股市不熟悉，但有可靠消息透露，某只股票将升值，你会：
A. 借钱也要去购买
B. 投入全部存款购买
C. 投入部分存款购买
D. 看看再说

6. 你的家庭经济状况是：
A. 时常拮据
B. 一般
C. 贫困
D. 富裕

7. 你的职业是：
A. 私营业主或个体工商业者
B. 农民或工人
C. 事业单位职工
D. 公司职员

8. 你要在 6 周内完成一项重要任务，你会：
A. 立即进行
B.5 分钟后开始着手
C. 每次想动手时都有其他事分神
D. 最后期限前 30 分钟才开始进行

9. 轻松而收入高的工作好，你同意这种说法吗？
A. 完全不同意

B. 有些不同意

C. 无所谓

D. 完全同意

10. 睡梦中发生大火，你会拿着什么东西逃？

A. 钱

B. 食物

C. 衣服

D. 时钟

评分标准

以上答案选 A 得 4 分，选 B 得 3 分，选 C 得 2 分，选 D 得 1 分。

测试结果

35 ~ 40 分：你不是亿万富翁吗？太奇怪了！

25 ~ 34 分：恭喜你，你是块亿万富翁的材料！

15 ~ 24 分：伙计，挤进富翁俱乐部恐怕要费点儿劲。

15 分以下：安心过小日子算了。

心理视点

财富是一点一滴积累起来的，如何赚取第一桶金呢？

（1）投入自己最熟悉的行业。

（2）勤奋是成功的法宝。

（3）善于捕捉机会，敢于冒险。

你的发财梦切合实际吗

测试导语

　　每个人都想成为追求财富的赢家，每个人都希望自己能实现发财梦，可并不是每个人都能顺利地实现这个梦，想知道你能否达成财富的梦想吗？请做下面的测试。

测试开始

偷窥的经历每个人都有过。如果有一天，当你走在街上时，发现高高的围墙上有一个小小的洞，你希望从那个洞口看见什么？

A. 一对男女

B. 富丽堂皇的大宅邸

C. 花园或草坪

D. 看门狗或警卫

测试结果

选A：你是一个标准的乐观主义者，因而你一定要仔细审核自己的致富目标是否切合实际，是不是在你的能力范围之内。

选B：你是一个金钱的崇拜者，总在憧憬着奢华的生活。你的挣钱目标是客观的，你总会有办法达到致富的目标。但告诫你，要为了事业而努力工作，不要只是为了金钱而拼命。

选C：你是一个很现实的人，目标总是很客观、很容易实现。你总是稳扎稳打。如果再多一点闯劲和激情的话，那就更完美了。

选D：怯懦是你给人的第一个感觉，所以做起事来总是小心谨慎，唯恐出错，你适合做与会计有关的工作。你不会发大财，原因是你怕冒险，怕钱多了会有新的麻烦，你的生活平稳安宁，你的生活目标很现实。

心理视点

成功的前提什么？是科学合理的目标。没有目标，只能是茫然不知所措；若有个不切实际的目标，就要为此付出惨痛的代价。我们要根据自身的基本条件，制定一个有一定难度但经过努力又能够实现的目标。目标定得太低，就无法充分发挥个人的能力，目标定得太高，就无法实现。合适的目标既能激发个人的积极性，又能达到目的。因此，我们在制定目标时，必须衡量自己的能力，目标要稍微高出自己的能力。

一般来说，确立任何目标都需要考虑下列3大原则：

（1）可行性原则。如果财富的目标是："我要拥有全世界"、"我要做李嘉诚"……那么我们可以肯定你很难富起来，因为你的目标是那么抽象、空泛，并都是极不现实的目标。最重要的是要具体可实现，比如你要从事哪个行业，要争取几年内达到什么水平等等。此外，这个目标的成功率怎样？如果没有50％的成功机会，请暂时把目标降低，一定要有高成功率，当它成功后再来确定更高的目标。

（2）具体时间性原则。要完成整个目标，你要定下日期限制，在何时把它完成。你要制定完成过程中的每一个步骤，而每一个步骤都要定下完成的期限。

（3）具体方向性原则。也就是说，你要做什么事，必须目标十分坚定，不可朝三暮四。如果你有一个只有一半机会完成的目标，等于有一半机会失败。在前进过程中你必然会遇到无数的障碍和困难，使你偏离目标，所以你必须确实了解你的目标，必须预料你在实现目标的过程中会遇到什么困难，然后逐一把它记录下来，加以分析，评估风险，依重要性把它们排列出来，并逐一解决。

你未来的财富看涨指数

测试导语

在现实生活中，人们羡慕已经富裕起来的人，更期望自己也能很快富起来，想知道你未来的财富看涨指数吗？请做下面的测试。

测试开始

假如有一天你早上醒来发现自己被外星人抓走，你会怎么做？

A. 想办法逃走

B. 装死

C. 求他们放自己走

D. 与外星人拼死搏斗

测试结果

选 A：财富行情看涨指数 55%。你为人勤奋，只要有机会就会学习一些实用的工作技能，一旦时机成熟你一定会令人刮目相看。

选 B：财富行情看涨指数 90%。你的 IQ 和 EQ 都非常高，懂得分享和包容，会让大家觉得你不仅仅是事业成功，做人方面也非常沉稳。

选 C：财富行情看涨指数 20%。你专注于自己所从事的工作，希望能做得更好，只要能把自己分内的事情做好，总有一天你会成功。

选 D：财富行情看涨指数 50%。你做事果敢，敢于冒险，这种性格在生意场上不是大赢就是大输。只要学会控制风险，财富就能稳步增长。

心理视点

要想成为富人，就必须勤奋而不能懒惰，因为思想上不求上进的人或什么都不想干的人永远都不会成功。另外，想获得成功还需要勇敢，一旦有了好的创意就要立刻全身心投入，付诸行动，并坚持到底，而不是畏首畏尾，拖拖拉拉，半途而废。但是这种冒险不是盲目的，而是建立在周全的考虑和全盘的计划基础之上的。

是什么阻碍你发财致富

测试导语

据统计，世界上95%的财富掌握在5%的富人手中，如果把这些钱平均分给每一个人的话，那么，5年之内，它们还会流入富人的口袋。为什么会出现这样的现象呢？阻碍你发财致富的因素是什么呢？想知道答案做做下面的测试就知道了。

测试开始

夜深人静，寒风凛冽。这一夜，你刚和恋人分手，再加上工作不甚如意，仿佛一切的不幸都降临到你身上。你无奈地走到公园呆坐。但有一些不大顺眼的事（人）物出现在眼前，使你更加惆怅。假如以下4项中的一项可以从你的视野中消失，你会选择哪一项？

A. 花坛

B. 秋千

C. 狗

D. 小男孩

测试结果

选A：你是个不易把心事吐露给别人的人，多和别人沟通交流会有助于你发财。

选B：你是个心直口快的人，想说什么就说什么，因此很容易得罪人，这会阻碍你发财。

选C：你是一个大而化之的人，不会很细心地为别人设想，因此别人会觉得你有点自私，请多体谅别人一点。

选D：你在别人面前总是隐藏自己的真正本意，并且太在乎别人对你的看法，请多表现真正的自己。

🔒 心理视点

以下9种性格会阻碍你发财：

（1）知足。对于财富没有追求，有吃有穿、腹饱体暖就满足了。

（2）骄傲。总觉得谁也不如自己。

（3）保守。别人没走过的路不敢走，别人没做过的事不敢做。

（4）怯懦。不敢冒险，胆小怕事。

（5）懒惰。身体懒惰和大脑懒惰，只要拥有其中一种就不会致富。

（6）孤僻。赚钱就是把别人的钱变成自己的钱。孤僻的人不擅长与人打交道，要想赚到钱就不太容易了。

（7）自以为是。自以为是的人，一般都处理不好与周围的人的关系。与人处不好关系，就不能形成长久的合作。与人合作不好，很难做成大事。

（8）狭隘。这种性格的人，也是很难与人相处的，并且最容易伤害人。这种人是天生的失败者，没有外援，只好又贫又困。

（9）自私。不想奉献，只想占便宜，这种人最终不会获得成功和财富，他只能拥有自己—形影相吊，对影长叹。

你从事什么职业容易发财

💬 测试导语

人生有限，条件有别，我们只能选择适合自己特点的职业来开创致富之路，如何知道自己从事什么职业容易发财，做完下面的测试就知道了。

✏️ 测试开始

以下的4种花，你最喜欢哪一种？

A. 木棉

B. 玫瑰

C. 郁金香

D. 香水百合

测试结果

选A：木棉花是一种很朴素的花，你选择木棉花，说明你很爽快，是个不会耍阴谋诡计的人。你交友处世都喜欢直来直去，从不在背后用阴招儿，你不适合经营，如果你具备文学艺术天分的话，写作对你来说会是个挣大钱的行当。

选B：你是个浪漫、任性而无拘无束的人。你追求宽松的生存空间，把最好的时光都用在吟诗诵月的虚幻中。你颇有艺术天分，请注意：你的挣钱机会不是从事体力劳动的。

选C：你是一个感情丰富的人，你对情感十分热衷。但你做事有虎头蛇尾的毛病，如果有一天你能做到一丝不苟地工作的话，你就有发财的希望了。

选D：你是一个生活态度非常严谨的人。你的生活总是有条不紊，发型永远不会改变，喜欢洁净，有较高的审美能力和创造能力，劝你一定要选个好职业，你是个标准的"百万富翁"坯子。

心理视点

选择一个行业是创富的第一道门槛，做出决定并不困难，但做正确的决定并不是一件容易的事，你第一步迈进的可能是天堂之门，也可能是地狱之路，能否正确选择自己的职业将影响你未来财富的多寡。我们在选择职业时要根据自身的条件，如专业、技能、兴趣等，而不能随心所欲，像无头苍蝇一样乱撞。只要选择一个真正适合自己发展的职业，并在此基础之上努力奋斗，相信未来终有一天你会发财。

第三篇

情感透析，美满的婚恋关系需要用心经营

第一章

找到最适合你的 TA

你属于哪种恋爱风格

测试导语

假如将异性比作鱼,那么你与异性交往就有"撒网捕鱼型"、"逐条捉鱼型"、"离水3尺钓鱼型"3种类型。

以下测验将揭示你与异性交往的风格。

测试开始

1. 你认为自由恋爱是 :

A. 既廉价又美丽的恋情

B. 是一种伟大的观念,即使现在已经不新鲜了

C. 目前很普通的一种恋爱方式

2. 最近有个男孩子非常注意你,而他只是你的好朋友,你会 :

A. 算了,他可能不是对我有意

B. 与他打情骂俏,不管他有没有女朋友

C. 管他的,好朋友就是最好的男朋友

3. 当你独处的时候,你会 :

A. 其实你有时候也喜欢独处

B.觉得太浪费了，应该和男朋友在一起才对

C.觉得自己像个失意的人

4.如果你在学校餐厅中，遇见一位令人心动的男孩，且他就坐在你旁边，并开始赞美你的美貌，你会：

A.问他认为你的眼睛如何

B.给他一拳，因为不真实的话你不爱听

C.说声谢谢，然后就去准备下一节课的考试

5.一个暗恋你的男孩子从门缝中塞进一张纸条给你，你会：

A.即使他送花，你也会知道是谁送的

B.查出对方是谁

C.有种受宠的喜悦，但只是把他当作另一个爱情的失败者

6.有个还不错的男孩，经常与你接近、说话，但是你已经有了男朋友，你会：

A.觉得很得意，但并不在乎，毕竟这种事你见得多了

B.根本不在乎男朋友

C.管他，反正男朋友又不会知道

7.倘若有一个长得很帅的男孩，向你要你最要好的朋友的电话号码，你会：

A.让他到你朋友常去的地方找她

B.对他说"她已经搬走了"

C.给他电话号码

8.当一个男孩子告诉你"一切都已结束"时，你会：

A.开始另找新的对象

B.发誓一年内不再接触男孩子

C.有种如释重负的感觉

9.你认为最理想的约会方式是：

A.在炉火前相拥亲吻

B.与一男子共进晚餐，又在宴会上认识另外一男子，然后再与另一男子跳舞跳到凌晨3点

C.与他共享美食

10.你心情不好时会：

A.吃一堆零食

B.出去逛逛，看能不能有意外惊喜

C.打电话向男朋友倾诉，希望能从他那里得到一点慰藉

评分标准

选项\得分 题号	1	2	3	4	5	6	7	8	9	10
A	3	1	3	2	3	1	2	3	3	1
B	2	2	1	3	2	3	1	1	2	2
C	1	3	2	1	1	2	3	2	1	3

测试结果

24～30分：逐条捉鱼型。你通常有固定的男朋友，即使你们俩吹了，你也会另找一位固定的男朋友；你很忠诚，也知道如何维系彼此间的关系，但你多半不甘寂寞而希望与他维持平稳而持久的关系，故容易显得过分黏人。

17～23分：撒网捕鱼型。你从来不会因为没人约你而"独守空闺"，但是你通常与异性也没有认真的关系。你的个性外向，在宴会中通常是大家注目的焦点。然而，你因为害怕会丢失对方或唯恐自己陷得太深而无法自拔，所以不敢与异性太亲近。

10～16分：离水3尺钓鱼型。你的约会次数不多，因为你总觉得还有更重要的事要做。你虽称得上独立，但内心是蛮害羞的。然而，假使你继续这样让机会溜走，又如何能与人接近呢？更何况，男孩子会因你那"不在乎"的态度而对约会退避三舍。

心理视点

给24～30分的建议：你应该放宽眼界，尝试培养多方面的兴趣，这样将使你的生活更加丰富。

给17～23分的建议：你尽管放大胆子和他培养感情。

给10～16分的建议：你不妨跟某些有点腼腆的男孩子交往，说不定你会有意想不到的收获。

你会爱上哪一种人

测试导语

"我的梦中情人在何方，他（她）长什么模样呢？"相信这是很多人经常思考的一个问题。

这个测验就可以帮助你明白最适合自己的人是什么样子。

测试开始

利用下列 4 个要点，画出一幅简单的风景画：

A. 花

B. 女子

C. 山

D. 在跑的狗

画好了吗？看看你的结果吧！你就是这样的人哦！

测试结果

A. 以花为中心而画的图：你对老实、温柔、不善言辞的异性感兴趣。对方是个性开朗，对工作热心，即使做别人不愿做的事也不觉苦恼。

B. 以女子为中心而画的图：你喜欢年轻、可爱的异性，恋爱时会乐于工作赚钱。男性会喜欢古典型，顺从丈夫而文静老实的女人。

C. 以山为中心而画的图：智慧、沉静，尊重他人，有修养的个性，是你喜欢他（她）的原因。一旦与他（她）认识，你会希望与他（她）共度一生。

D. 以在跑的狗为中心而画的图：你喜欢的人很多嘴，有时他（她）让你觉得唆，离开又觉得寂寞，因此你很快地将爱表露出来。男性会喜欢身材修长，眼大而有神的女人。

心理视点

心理专家认为，一般情况下你爱上的那个人与自己的性格大致是相反的，比如你喜欢娇小可爱的异性，说明自己是自信魁梧的类型；如果你喜欢个性开朗、能说会道的异性，则说明自己是偏内向型，不善言辞；如果你喜欢智慧、沉静有修养的人，则说明自己也是属于智慧型的人。其实这也不是绝对的，人各有志，每个人的想法不同，也不能局限于此。只有找到自己的真爱，才是最重要的。

你的单身情歌还要唱多久

测试导语

　　人际交往的圈子太小，身边的异性不是不适合自己，就是心有所属，这是现在很多年轻人面临的常见问题。

　　他们不知缘分何时会降临到自己身上，要想知道答案，请做下面的测试。

测试开始

1. 一个单身男子被远处一位妙龄女郎深深地吸引住了，他最先注意的是：
A. 她的衣着——请回答第 2 题
B. 她的声音——请回答第 3 题
C. 她的身材——请回答第 4 题
D. 她的行为举止——请回答第 6 题

2. 既然她的衣着很吸引人，你觉得她有可能穿着什么样的衣服：
A. 显得身材修长的深色长裙——请回答第 3 题
B. 可爱活泼的休闲服装——请回答第 6 题
C. 性感抢眼的时尚女郎装束——请回答第 4 题
D. 淡雅精致的高档套装——请回答第 3 题

3. 女士正对着男子走过来，你觉得她是来：
A. 对他感兴趣，过来找他搭讪的——请回答第 5 题
B. 对他身边的小吃摊感兴趣，过来吃蛋挞的——请回答第 6 题
C. 把他当作流氓，过来给他两巴掌的——请回答第 7 题
D. 从他身边走过而已，什么也没有发生——请回答第 4 题

4. 对于这个女郎，你最先联想到的物品是：
A. 内衣——请回答第 7 题
B. 时装——请回答第 8 题
C. 鲜花——请回答第 6 题

D. 高档化妆品——请回答第 9 题

5. 挑一种花在第一次约会的时候送给对方，你打算选：
A. 一大捧玫瑰——请回答第 7 题
B. 一束康乃馨——请回答第 6 题
C. 一扎香水百合——请回答第 9 题
D. 一枝红玫瑰——请回答第 10 题

6. 你觉得这两个人可能发展成：
A. 最后分手的恋人——请回答第 8 题
B. 终身伴侣——请回答第 10 题
C. 一夜情伙伴——请回答第 7 题
D. 没有缘分，互不相识——请回答第 9 题

7. 男子有意无意地把手滑到女士腰部，你觉得下面会：
A. 马上见识到一场世界大战——请回答第 9 题
B. 女方会意微笑，两人距离拉近——请回答第 11 题
C. 女方巧妙闪躲，面不改色——请回答第 10 题

8. 你觉得女性最不欣赏的男性品质是：
A. 粗鄙恶心——请回答第 9 题
B. 娘娘腔——请回答第 11 题
C. 肮脏——请回答第 10 题
D. 极度大男子主义——请回答第 12 题

9. 你觉得咖啡和爱情的关系是：
A. 两者没有任何关联——请回答第 11 题
B. 爱情有时候像咖啡，可以在工作之余提神醒脑——请回答第 10 题
C. 同样都是苦涩中带有回味的复杂感觉——请回答第 13 题

10. 以下几种景象中你最喜欢的是：
A. 雪中的挪威小木屋中透出明亮灯火——答案 B
B. 白沙滩上面对清澈的海和浓绿的椰林——请回答第 12 题
C. 到处都是美丽异性的天堂——请回答第 11 题

11. 一周清洁头发次数大约为：

A.2 次以下——答案 A

B.2 次或 2 次以上——请回答第 12 题

C. 每天一次——请回答第 13 题

12. 你在比较拥挤的街道上骑自行车，对身后的车子：

A. 始终骑在前面，保持一定距离——答案 C

B. 故意骑在它前面，晃来晃去挑逗对方来追——请回答第 13 题

C. 干脆让开路，自己骑到后面去——答案 D

13. 以前曾经和你关系暧昧的异性，最后变成了：

A. 再普通不过的一般朋友——答案 B

B. 很久很久没有联系过了——答案 D

C. 见面互不理睬的冤家——答案 A

D. 仍然有些暧昧的朋友——答案 C

测试结果

A. 单身时间 50 岁，程度 80％以上：单身歌王的你总是很难觅得人生知己，即使有一个和你稍有感觉的异性，也会在比较短的时间内被你的种种恶行吓走。你不认为仪表是一种男女交往中必需的东西。你是否经常在肩上披着厚厚的头屑披肩，或者把屋子弄得乱哄哄像个狗窝？即使没有，你也会用一种更加恶劣的方式令自己风度全失。你孤独的原因要从自己身上寻找：最需要在异性面前表现的时候，你在做什么？

B. 单身时间 35 岁，程度 50％左右：具有浓烈家庭气质的你，是个很忠贞的恋人和伴侣，只不过因为要对将来忠诚，有时候会忽略了眼前。你并不喜欢孤单，但却比别人更能忍受寂寞。其实，你是个比谁都要期待浪漫真挚爱情的人，但对你来说，幸福更多要依靠上天赐予的缘分。你的感情像个齿轮，只要遇到合适的伴侣，就一定能相依相偎厮守一生。可如果上天有意开你的玩笑，缺乏主动的你也只能坐在那里等着幸福的馅饼掉下来。

C. 单身时间 30 岁，程度 30％左右：你的月亮星座多半是水向或者风向，擅长在异性中树立魅力的你显然是个挑逗别人的高手。情场得意和双宿双飞其实是完全不同的两件事，你还是没有搞清单身的真正含义。找到一个伴自己一生的人，远比找一群随时在脚边摇尾巴的宠物更加困难。而且，依照你的个性，即使已经找到了命中注定的姻缘，还是免不了对别的异性多抛几个

146

不清不楚的眼神。最糟糕的结果是：真正能伴你一生的人在不知不觉中走掉了。

D.单身时间 40 岁，程度 60%：进入这个选项的人大概属于"驴子星座"，性格倔强得有时候让人难以接受，总是有很多自己给自己制定的原则，不懂得随遇而安，也不懂得逢场作戏享受短暂快乐。想要打动你是件艰难的事情，不仅要晓之以理、动之以情，还要持之以恒。虽然你对另一半的要求标准颇高，不过一旦得到你的认同，那就是一辈子的契约，所以你对一些异性还是具有相当程度吸引力的。

心理视点

给单身时间 50 岁的建议：首先注意卫生清洁，如果已经注意了，那么注意气度和言谈。但是，要是你根本不在意是否结婚的话，当然可以按自己的方式活得很开心。

给单身时间 35 岁的建议：找到另一半之后不妨变得像个家庭主妇（主夫），但在尚未遇到另一半之前，不主动寻找又怎么会有相遇的机会？

给单身时间 30 岁的建议：如果你只是需要一个能最后陪在自己身边的人，那就对最爱你的那个人好点儿，而不是你最爱的。

给单身时间 40 岁的建议：你对真爱的苛求程度丝毫不比 B 类人少，只不过不能放下身段去追求自己想要的东西，以至于最后往往还是会接受那个最执着的追求者。

爱上一个人，需要几秒

测试导语

许多人都说一见钟情的速配成功率较高，但你的性格究竟能否与他人一见钟情呢？爱上一个人，需要几秒呢？下面的测试将给你一个满意的答案。

测试开始

1.约会无趣时，你会找什么借口离开？
A.无聊，我回去了
B.我身体有些不舒服
C.差点忘了，我还有工作要做

2. 如果让你计算 20 秒时间，你会选择哪种方法？
A. 凭感觉数
B. 用手表或时钟
C. 用秒表

3. 生活中，对你来说最重要的一种电器是：
A. 电视
B. 冰箱
C. 洗衣机

4. 没有任何喜欢的对象，你有过这样一段时间吗？
A. 有，没有任何我中意的人，包括明星和故事中的人物在内
B. 只有很短的一段时间
C. 我一直都有喜欢的对象，尽管目标经常发生变化

5. 看电视时，你喜欢坐什么样的椅子？
A. 藤制摇椅
B. 古典华丽的靠背椅
C. 完全随意的懒人沙发

6. 当你紧张或兴奋时，你的身体是否会颤抖？
A. 颤得厉害
B. 说不清
C. 完全不

评分标准

选 A 得 1 分，选 B 得 3 分，选 C 得 5 分，汇总得分。

测试结果

25 ～ 30 分：爱情消耗战大于 90 秒。第一印象当然重要，但只要对方在你的衡量标准内还过得去，你都要给予发展的机会，免得遗漏了适合的对象。因为你的选择条件之一是精神的契合，而精神层面的考察肯定不能在一分半内得出结论。就算对方在外形上与你的理想标准相当有距离，仍然有机会在后续接触中赢得你的心。

19～24分：寻爱游击战90秒。只要对对方的第一印象不错，不妨交往看看。但并非一见钟情，因为你潜意识里还存有骑驴找马的希望。心中没有一个特定形象的你，除非见到极其优秀的异性，否则很难有一见钟情的机会。你最后选定的伴侣，多半是因为年龄或情势所迫的结果。

13～18分：恋爱歼击战60秒。你虽然有一见钟情的可能，但理性尚存，不会凭第一印象就坠入爱河。就算见到心目中的标准异性，你仍然会有一定时间的犹豫，并且容易在短时间内后悔自己的冲动。你的一见钟情最有可能发展成短暂恋情，甚至是一夜情，很难最终开花结果。

6～12分：钟情闪电战30秒。选择伴侣时，你的直觉往往发挥最大作用，因此一见钟情指数很高。如果30秒内无法让你印象深刻，那继续交往的可能也微乎其微。因为你在心中有一个固定的"爱的摹本"，当对方和你心中的摹本越接近，一见钟情的速度越快。你最后的爱侣，很可能是某次一见钟情的结果。

心理视点

当一个人遇到了自己的梦中情人时，最奇妙的事情发生了！为什么你独独爱上了这个人，即使他（她）和你心目中的梦中情人相去甚远？请仔细观察一见钟情的两个人，他们的脸部特征在很大概率上是相同或相近的，这就是我们所说的"夫妻相"。两个有"夫妻相"的人第一次见面就有似曾相识的感觉。一见钟情还与自己的性格有关，有的人就相信直觉，有的人则理性占上风。不管结果如何，只要有机会就好好把握，因为能够相识、相知已经是很不容易了。

你的求爱时机到了吗

测试导语

主动求爱的角色总是责无旁贷地落到了男士肩上。可是求爱也是有技巧的，既然，我们不能选择在飞机上、在大屏幕上打广告式的求爱方式，那么，就请选准一个恰当的求爱时机，保准让她芳心大动。下面这个测试就是帮助你把握求爱时机的，祝你成功。

测试开始

1. 如果你们有一段时间没见面，见面后她的话题是：

A. 你和她的事

B. 一些无关的事

C. 询问你最近的生活情况，特别关心你的去向，接触的人中有关女性的情况

2. 你和她在一起谈论理想、志趣以及对生活中的看法时，你发现她：

A. 持有异议或反对

B. 原来有不同认识但已经开始向你靠拢

C. 表示沉默，或婉转谈自己的认识

3. 她在和你交谈中对你的品行、学识、工作、待人接物等方面有过赞扬或流露满意的表情吗？

A. 偶尔

B. 从未

C. 多次

4. 在你和她没有约定见面时，她找了个借口来找你，来时她是：

A. 独自一人来的

B. 带一位小朋友来的

C. 和女伴同来的

5. 当你碰到一件不愉快的事情而感到苦恼时，她会：

A. 没能察觉或察觉也一如既往

B. 很快察觉并和你一起难过或比你还难过

C. 有所察觉，情感变化不大

6. 你写一封情书给她，表达你对她的好感和思念之情，这时她总能：

A. 很快复信并有相同的分量

B. 拖了一段时间才复信，内容也较浅

C. 草草几行或石沉大海

7. 你和她在街上闲逛，遇到一位你的女性朋友，于是你们攀谈起来，这时她会：

A. 显得有点生气，想催促你尽早脱离她

B. 有点不自在，待在一旁看你们交谈

C. 毫不介意或也来搭讪

8. 你和她相识后，在会面交谈时她的表情总是：
A. 显得十分高兴，充满活力
B. 情绪不稳定，时好时坏
C. 情绪低落

9. 如果你提出到她家中探望的要求时，她就：
A. 找个借口往后推
B. 找个借口拒绝
C. 愉快地答应或主动邀请

10. 你们两人每次约会结束后，对下次约会的时间、地点，是由：
A. 两人提出的
B. 你提出，征求她的意见
C. 她提出，征求你的意见

11. 你和她交往中的一些细节，她还记得吗？
A. 多数不记得也未提及
B. 记得很清楚，并时常提
C. 记得，有时也提及

12. 当你介绍、推荐一本书请她阅读时，她总是：
A. 很快读完并及时还你
B. 虽阅读了，但拖拖拉拉
C. 借故不看或没读说读了

13. 你们有过你无意中发现她偷偷地看你，当你和她目光相遇时，她不好意思地低下头，装作若无其事地看别处的情景吗？
A. 偶尔
B. 从未
C. 多次

评分标准

选项\\得分 \\ 题号	1	2	3	4	5	6	7	8	9	10	11	12	13
A	3	5	3	1	5	1	1	1	3	3	5	1	3
B	5	1	5	3	1	3	3	3	5	5	1	3	5
C	1	3	1	5	3	5	5	5	1	1	3	5	1

测试结果

13～23分：时机成熟。她对你已情有独钟，只是碍于羞怯心理而没有向你吐露。请不失时机地将红绳的另一端抛出，及早将两颗心拴在一起。当然，还要讲究方式，使对方更易接受。

24～49分：时机还不太成熟。她对你的感情还不浓，还处于若即若离、犹豫不定的状态，强扭的瓜不甜，此时不要贸然求爱。最好分析一下原因再作努力。如果愿意试一下，也只能采取"投石问路"之法。

50～65分：时机很不成熟。如果你观察不错的话，表明她对你还没意，甚至还没进入角色。此时还谈不上求爱，而应冷静分析再下决心：是继续努力还是趁早"拜拜"。

心理视点

如果在不经意的那一瞬间你爱上了对方，请别吝啬你的爱，如果你觉得对方是值得你爱的人就别放手，也别让爱你的人苦等你一生。感情不是酒，感情不能封存，封存的时间长了就会变质，或许也会随着封存的时间久了而蒸发了。如果爱了，请勇敢点，大声地说出来，别让真爱溜走，但这一切都要建立在时机成熟的基础上，如果你测出自己的求爱时机已经成熟，就请抓紧时间吧！

第二章

爱的哲学与艺术

你们是天生的一对吗

测试导语

你和他相处已经有一段时间了，但是你心里是否能清楚地知道，他是否真的和你相配，在日后更加漫长的相处中，你们之间能做到琴瑟相和吗？通过这项测试，也许会给你提供一定的帮助。

本项测试共分两部分，每部分3道题目，每题3个选项，请从中选出适合你们的一项，15分钟内完成解答。

测试开始

一般观察检测：

1. 在和你非常尽兴地交谈时，他会有哪些肢体语言？

A. 把手不自觉地放在脑门上

B. 习惯于用手摸头发

C. 没注意过，似乎没有特别的举动

2. 某一天假若你发现，他不仅仅在和你来往，他还有其他来往密切的异性朋友，你会怎么样？

A. 和他彻底了断，再找其他的感情归宿

B. 公平竞争，把他的心牢牢拴住

C. 全力以赴维持现状，充分尊重他的意见

3. 在你们最后一次在一起的时候，他表露出什么样的面部特征？特别是双眸。
A. 充满笑容，双眼眯成一条缝儿
B. 双眼平视，与往常没什么不一样
C. 在脑海里对他的一双眼睛没有印象了

4. 在你们自己拍摄的两人生活录像片中，仔细看看，你们一起面向镜头时，他的手一般是放在什么样的位置上？
A. 双手合抱着肩膀，或随意放在腿的两侧
B. 手放在你的肩上，或者在拉着你的手
C. 你们两人从没有过这样的录像或合影

5. 如果你们结束了一天的聚会，正要相互告别时，他一般有什么样的表现？
A. 始终站在原地目送你，直到你的身影消失在夜色里
B. 没有任何表示，快速踏上回去的路
C. 随口说声明天见，走一段路后又转过头来

6. 在和你相处时，你留意到他的袜子是什么样的？
A. 洗得很干净整洁
B. 又脏又旧，很破
C. 不太注意

7. 如果你有足够的能力改变他身体的某个部位，那么你打算让他什么地方发生改变呢？
A. 五官
B. 身高
C. 性格、思维方式

8. 现在的他与你们初次见面时比起来，有什么不一样的地方吗？
A. 相处一段时间后的他比起那时候更细腻、温柔
B. 这段时间里，让我看到了他易怒、爱发火的一面
C. 在我眼里，他始终都一个样子，不曾发生变化

实际行动检测：
1. 跟他同坐一个座位时，如果抬起腿来的话，你看看他的哪一条腿在上面？

A. 离你较近的在上面

B. 离你较远的在上面

C. 他不抬腿

2. 你们两人同坐公交车，车上人并不多，有很多空座位，可你有意坐到了单人的位子上，那么他会是下面哪种表现和动作？

A. 不去找座位，就站在你的旁边

B. 到车后面其他空位子上去坐

C. 把你拉起来，找一个你们俩都可以坐的地方

3. 在饭馆或咖啡厅，如果你表示出有意付账的意思，并主动叫来服务员，这时他会有什么表示？

A. 把服务员叫到身边说："今天我请客。"

B. 不说任何话，默默地把账单拿到你身边

C. 没有任何反应

4. 在你们面对面而坐时，你很专注地看着他的双眸，他一般会是什么样的举动呢？

A. 不与你对视，把视线转向别处

B. 迎接你的目光，与你对视

C. 很不好意思地问你："怎么啦？"

5. 在过马路时，你因有急事想在变为绿灯之前就快速闯过去，这时他会如何？

A. 不说任何话，拉着你的手

B. 说："等等吧，不能这样。"

C. 不做任何表示

6. 某一次，你和他并肩走在马路上，假设你走在了他的左边，他会有什么反应？

A. 依然走自己的路，没有任何反应

B. 立刻主动过来换位置

C. 不知不觉中露出不自然的神色

7. 在餐厅内，你们面对面交谈时，如果你两只手抱住肩膀，他会有什么样的动作和表现？

A. 和你类似，同样双手抱肩
B. 没有任何反应
C. 将两只手放在椅子背上

8. 在公共场所，比如地铁或电影院，你有意拉住他的手，他会有什么反应？
A. 也以同样的力气拉着你的手
B. 用力放开你的手
C. 反应平静，从手上感觉不到什么

评分标准

选项 \ 得分 题号	一般观察检测								实际行动检测							
	1	2	3	4	5	6	7	8	1	2	3	4	5	6	7	8
A	5	1	5	3	5	5	1	5	1	3	5	1	5	5	5	5
B	3	5	1	5	1	3	5	1	5	1	3	5	3	3	1	1
C	1	3	3	1	3	1	3	3	3	5	1	3	1	1	3	3

测试结果

对照上表，将第一部分、第二部分得分分别相加，得到两个数值。

第一部分：通过一般观察性检测，可以了解他对你的外表爱慕程度。

8 ~ 18分：他是个看起来很无情的人。他不但不愿直率地向你表示他对你的爱意，而且对你的态度也显得冷淡。他的性情有点孤僻。要是他在实际行动测验中得分也很低的话，那就表明他是不会为你动心的。

19 ~ 29分：他对爱情没有什么特别的感受，平时对你很体贴。

30 ~ 40分：看起来他对你很热情，也很专一，很希望能赢得你的芳心。

第二部分：实际行动测试，可以看出他对你是否真心。

8 ~ 18分：他有些厌烦你，并且在某些方面，有想要拒绝你的举动。

19 ~ 29分：他很喜欢你，但是不能自然流畅地表达出自己对你的爱情，所以他正处于不安的状态。

30 ~ 40分：他完全沉醉在对你的爱情中，是非你莫属的热爱型。

根据一般观察测验与实际行动测验的得分之和，可以看出你跟他到底是属于哪种类型的情侣。

0 ~ 16分：消极冷淡型——你们两人若不是为彼此的性情不合而烦恼，就是常为了一些小事想指责对方。你们很容易对彼此不满。你们两人之间很不和谐。要是你热情一点，他就变得很冷淡；相反，若是你对他漠不关心，他反而突然对你热情起来。你们似乎很相配的样子，但时间一久，你们之间大概就会有裂痕产生而逐渐变得冷淡了。如果你们要发展成一对很亲密的情侣，那是需要相当的忍耐与努力的，你们的爱情结局不会太乐观。

17～31分：谨慎地互相刺探型——你们两人彼此都很了解，也很体谅对方的心情。如果你稍微再努力一点，使自己的情绪表达得更顺畅的话，你们一定可以进入热恋。现在你们两人都过于谨慎，彼此之间欠缺坦诚。由于他很了解你的心理，所以千万不要玩什么花样，否则可能会造成他对你的误解。

32～47分：友情发展型——与其说你们是一对情侣，不如说你们停留在普通朋友的阶段。你跟他就像是以前学生时代的朋友一样，还谈不上爱或不爱。你们之间不但能毫无保留地交谈，而且彼此也都很了解对方。所以若能进一步交往，未尝不是件好事。在现在这个阶段，你们之间仅止于友情而已。但如果你与他继续交往的话，在将来是有可能发展成一对情侣的。不过这是需要花时间去努力的。

48～63分：热情洋溢型——你们这一对，不论是你或是他，都在爱河里陷得很深。对你来说，没有了他的生活实在是无法想象的；而他也是一样，无时无刻不想着你。你非常依赖他，似乎一切全听他的吩咐，而自己无法做理智的判断。

64～80分：戏剧性的发展型——你自己似乎也搞不清楚为什么会迷恋他。一方面争吵，互相表示不满，另一方面却又一直交往下去，这就是你们富于变化的戏剧性恋爱。你的情绪不停地在转变，有时会觉得他很讨厌而想跟他分手，但是一旦有情敌出现或遭到周围人的反对，这时你会变得更喜欢他而对他更加的热情。有时候，他也会疯狂地爱着你。你们是奇特的一对，如果你们是戏剧性的发展型，请你们今后两人都自我克制一些，你们也许会很幸福。因为有一点可以肯定，你们彼此其实谁也离不开谁，尽管你们可能都不愿意承认这一点。

心理视点

通过上面的测试，想必你对你们的爱情状况有个清楚的了解。如果你们是消极冷淡型，请尽快进行沟通，增强双方的了解。如果你们是谨慎地互相刺探型，请你把自己的爱情直率地表现出来，犹豫或不安对你们的爱情是有害的。如果你们是友情发展型请你们继续发展，因为你俩将来应该是幸福的一对。

你的爱情进展得怎样

测试导语

追求幸福的你，现在一定想知道自己的爱情是否健康，自己婚后能否幸福？不妨让下面的测试题告诉你答案。

测试开始

1.有人说恋爱过程是推销过程。在恋爱期间，为了在对方面前展示最佳形象，双方都有一种尽量掩饰弱点和迎合对方的倾向。而你们相识至今,有过耍脾气、闹别扭、谈谈吹吹的情况吗?

A. 没有

B. 偶尔有过

C. 有过多次

2.与他（她）交往一段时间后，随着感情进一步加深，你对生活、对未来更充满了期待与渴望，是吗?

A. 不是

B. 是的

C. 不全是

3.经过长期的恋爱生活你发现你和恋人在爱好、生活情趣上挺相投，你为此感到轻松愉快吗?

A. 是的

B. 不完全是

C. 不是

4.你对他很负责，向他（她）毫无隐瞒地提供了有关自己家庭、过去和现实的情况吗?

A. 不完全是

B. 是的

C. 不是

5.你们在热恋期间有过分亲昵的行为吗?

A.没有

B.记不清了

C.有过多次

6.你在大千世界中已遇到了许许多多的朋友，在你认识的所有异性中，你认为他（她）最称心如意吗?

A.不是

B.是的

C.不一定

7.你忙于工作，没有时间与恋人约会，然而在街上偶然遇到了他（她），你心中感到十分喜悦吗?

A.不完全是

B.不是

C.是的

8.你很关心你的恋人，当听到有人说你恋人"没水准、条件差"时，能一笑置之吗?

A.是的

B.不全是

C.不是

9.你们的爱情一直很深厚、很浓烈，你和她（他）在一起时，即使相对无言，心里也似乎在交流着感情吗?

A.有时如此

B.不是

C.是的

10.一般人很注重般配，般配才会牢固和稳定。你和恋人在婚姻条件上，称得上"主要方面相似，次要方面相补"吗?

A.是的

B.有一点

C.不是

11. 热恋期间你俩难舍难分。假如这时他（她）因公离开你外出工作一段时间，你又不能一起去，你认为你对他的感情能保持多长时间呢？

A. 数十年乃至终生

B. 几个月

C. 一两年

12. "人非圣贤，孰能无过。"每个恋人也都如此。那么，你对已经发现的他（她）的缺点和毛病能容忍吗？

A. 不能

B. 能

C. 有时能

13. 说实在话，你喜欢他她的父母吗？

A. 不喜欢

B. 喜欢

C. 不一定

14. 你们常常在一起学习和娱乐，根据你的观察体验，你们双方有一方是属于那种豁达开朗、善解人意的人吗？

A. 是的

B. 不知道

15. 在你们之间双方能互相宽容、热情鼓励对方单独参加文艺活动，并可以有个人的异性朋友吗？

A. 是的

B. 不一定

C. 不是

评分标准

选项\题号	1	2	3	4	5	6	7	8	9	10	11	12	13	14	15
A	5	1	5	3	5	1	3	5	3	5	5	1	1	5	5
B	3	5	3	5	3	5	1	3	1	3	1	5	5	3	3
C	1	3	1	1	1	3	5	1	5	1	3	3	3	1	1

测试结果

15～29分：尽管你们的爱有声有色，但它可能难以成功，因为它的内涵是孤独的。有时你会很眷恋她（他），然而需认清：冲动将带来痛苦。此刻你要考虑的不是结婚，而是怎样友好地分手。

30～44分：你们的恋爱有不少爱情以外的因素介入，品质难称优秀，真爱尚需悉心追逐。婚后的幸福要靠双方以爱的名义自我约束，切忌肆意放任。

45～60分：恋爱过程合乎自然，彼此均有良好愿望，你们虽有些不和谐之处，但有心调适，婚后仍会成为和谐家庭。

61～75分：你们品德高尚、感情真挚，爱情生活健康丰富，未来婚姻必定美满幸福，请放心继续你们的恋爱吧！

心理视点

爱情是个很难琢磨的东西，有时风平浪静，但却隐藏着汹涌波涛，有时矛盾重重，但却最终牵手。其实，美好爱情的获得需要双方的默契，需要双方共同努力。专家建议恋爱的双方应做到以下几点：

（1）建立共同的生活目标。

（2）双方互相尊重、互相信任和欣赏。

（3）多沟通，把真实的自己展现在对方面前。

（4）时而给对方意外的惊喜。

他迷恋你哪一点

测试导语

没有爱情的人生会像枯燥无味的长途跋涉，毫无乐趣可言。我们每个人的生活都需要爱情的滋润，和异性共享爱的甘泉。你们的幸福是建立在什么基础之上的呢？他爱你是基于什么呢？答案会在下面的测试中揭晓。

测试开始

1.当他心情不好时，他会：

A.不停倾诉，希望获得你的建议

B.自言他遇到的问题比不上你的严重

C. 表现出若无其事的样子

D. 表现出好像为你解决问题的样子

E. 告诉你他心情欠佳，但可以独立克服困难

2. 当你的心上人与你的朋友在一起时，他会：

A. 不理会他们

B. 礼貌地与对方闲聊

C. 肆意与她们嬉笑胡闹

D. 大谈某位异性漂亮、性感

E. 表现出很友善的样子，但十分尊重你

3. 当你们就某个问题产生了很大的分歧时，他会：

A. 同意你的看法，处处让步

B. 让你相信他是对的，而你是错的

C. 尊重你的意见，但自己的看法不变

D. 对你的意见充耳不闻

E. 耐心地与你讨论

4. 一位异性本来答应给你打电话，结果：

A. 第二天对方就打电话来，而且天天如此

B. 虽然打电话给你，却表现出很忙碌的样子

C. 没有打电话给你

D. 半夜才打电话给你，还问你要不要马上见他

E. 遵守诺言

5. 当你打电话给自己喜欢的异性时，对方做出什么样的反应？

A. 鼓励你常常这样做

B. 让你知道他准备打电话给你

C. 好像十分忙碌，无暇跟你交谈

D. 答应会打电话给你，结果食言

E. 礼尚往来，时而打电话给你

6. 与你相处的异性有什么特质呢？

A. 过于浪漫的人

B. 很容易受感动

C. 颇有理性的人

D. 只有在某些时候才显得热情

E. 大部分时间都很热情

7. 日常生活中，你希望意中人为你做什么呢？

A. 替你找的士

B. 争着付款

C. 时常陪伴着你

D. 经常同你外出

E. 各自付款，谁也不欠谁

8. 当你们讨论问题时，对方的反应往往是：

A. 把他更大的问题说出来

B. 告诉你应如何解决问题

C. 避而不谈

D. 认为你有足够的能力独立应付

E. 与你讨论问题，而且支持你的看法

评分标准

看看 A、B、C、D、E 中你选的最多的是哪一个，对照以下评析。

测试结果

大多选 A：对方钟情于你的原因是你坚强自立的个性，让对方可以依赖和依靠你，而你是经济独立、懂得表达自己的感觉和思想的人，热情的你，会让周围的人觉得你能给他们带来希望。

大多选 B：对方最喜欢你的地方，是你表现出很柔弱需要保护的可怜相，对方会觉得自己很重要，必须一生相伴在你左右。你会让人觉得照顾你是一种无须推卸、也无法推卸的责任。

大多选 C：你能给对方足够的心理空间，所以对方会觉得你很体贴、善解人意。你能吸引对方是因为你能使对方在全无心理压力下与你谈情说爱，你懂得体谅对方工作繁忙或其他的难言之隐。

大多选 D：你是一个容易知足的人。知道自己想要什么，也明白自己该要的是什么。你对异性要求不多，对方自然也很欣赏你这一点。而你的恋爱对象几乎都是以自我为中心的人，你与他们谈恋爱，往往是把自己的要求尽量降低，迁就对方。你不太考虑自己的内心感受，即使不乐意去做，也会强压住自己的想法，以求得双方的和谐。

大多选 E：表示你心仪的对象是一个处事得体，懂得自我解决问题的人，而你也是一个坚强而且办事效率高的人，很有人情味，喜欢创造生活情趣。正因为你们有着彼此不同的东西，比如不同的看法、不同的个性，所以才会因为这些独立的不同的闪光点而相互吸引。

心理视点

心理学家弗洛姆把成熟的爱与不成熟的爱做了区分，认为：

（1）不成熟的爱：我因被爱而爱人；成熟的爱：因为爱人而被爱。

（2）不成熟的爱：我爱你，因为我需要你；成熟的爱：我爱你，所以我需要你。

（3）不成熟的爱：不鼓励所爱的人自由发展；成熟的爱：主动关怀所爱的人，使之充分发展。

（4）不成熟的爱：没有责任感；成熟的爱：对所爱的人有高度的责任感。

（5）不成熟的爱：希望对方改变个性，以符合自己；成熟的爱：尊重对方的独立个性，鼓励其充分发展。

（6）不成熟的爱：了解对方主要是便于控制对方；成熟的爱：对对方的了解，超越了对自己的关怀。

你的恋人有逃跑的念头吗

测试导语

恋人和时尚一样，你可要时时刻刻注意。小心！别穿了过季的衣服，爱上想跑的男人。

测试开始

1.你和他一同去逛街时，看上一件新衣服，他的反应是：

A.视而不见，快速离开

B.把衣服批评得一无是处，认为你品位不高

C.赞美你的眼光，希望你去试穿

D.你若希望他送给你，他劝你应该自己有能力再买

2. 你和恋人独处的时候，他常常是：

A. 心不在焉，只谈些无关痛痒的琐事

B. 不停地接听朋友的电话，讲得很开心，忘了你的存在

C. 他会制造一些浪漫的气氛，让你渴望与他独处，享受两人世界

D. 和你独处不到 10 分钟，就想去约亲朋好友一同吃饭或玩乐

3. 你此刻最想和他说的一句话：

A. 你到底想怎样，要分手或在一起，请讲明白，好吗

B. 你再忽略我的存在或价值，我们就不要在一起了

C. 多爱我一点好吗

D. 我要你全部的爱

4. 你和恋人吵架时，他的态度是：

A. 一副要决裂的模样，言语及神情冷漠

B. 懒得理你，你再生气他也无动于衷

C. 吵架归吵架，最终他还是会安抚你的情绪

D. 很容易愤怒，对你感到诸多不满意

评分标准

选择较多的选项即是你的答案。

测试结果

答案偏向 A：恋人"逃跑"指数——有向上攀升的危险，他已经有逃跑的念头。在他内心深处，虽然目前还觉得逃跑会有罪恶感，但是，当你和他有意见上的冲突或是相处有不和谐时，他的逃跑念头就会更强烈，想一走了之，跑到天涯海角，暂时忘记你的存在，不过，事后他又会后悔。

答案偏向 B：恋人"逃跑"指数——已到达巅峰，他随时、随地都会逃跑。你最好要有心理准备，他目前只是在等待最适合的时机。

答案偏向 C：恋人"逃跑"指数——偏低，没有任何波动和念头，虽然偶尔你会看他不顺眼，但是他仍是个不错的伴侣，十分钟情、不愿意逃跑，而你对他的吸引力很强。所以，目前大可放心地享受一切。

答案偏向 D：恋人"逃跑"指数——逃跑指数不高，但是，对于你的兴趣指数也不高。他目前总觉得爱情生活乏味，只是彼此习惯而已。

心理视点

答案偏向 A 的你，目前追不追他——天啊！当你开始烦恼恋人已经有逃跑念头的同时，自己也想干脆比他先逃跑好了，不过你还是比较容易忍受他忽冷忽热的矛盾情绪。所以，何不加把劲，好好地抓住他、追他追紧一些，让恋人想逃跑的念头降低，自己也快乐满足地沉浸在恋爱的甜蜜中。

答案偏向 B 的你，目前追不追他——你还是算了吧！花心思去追求一个早已变心的男人，是非常不值得的。放了他也等于放了你自己，何必一个人独尝这抓不到的痛苦与无奈，早些放手，你会觉得更快乐、更轻松。

答案偏向 C 的你，目前追不追他——此刻的你，是个幸福满满的小女人，被疼爱的感觉很好。目前你可以不用花心思去追他。

答案偏向 D 的你，目前追不追他——如果觉得恋人仍值得你去爱，一定要彻底改变目前对你不利的情况和太习惯的生活细节。若即若离、制造新鲜的生活情趣，这是很重要的。否则任何新的刺激，都会使他逃跑。

你们的爱情还能走多远

测试导语

你们还像初恋时一样心灵相通吗？他是否还像以前那样宠爱、呵护你？如果不是，那就说明最近你和他可能有点疏远，你们也许都会为了维持这段感情而身心疲惫。那现在的你该怎么办呢？你还能撑下去吗？还有必要撑下去吗？你们在爱情的路上还能走多远？不要匆忙决定，还是看看他的态度到底如何吧！

测试开始

第一部分：根据你们最近的状况，回答"是"或"否"。

1. 最近特爱吃东西，不再担心自己的身材。
2. 他不在的时候，已经不会时刻记起他，除非朋友跟你提起。
3. 回忆从前的点点滴滴，不再只是幸福，还夹杂了声声的叹息。
4. 以前他身上你无法忍受的缺点，现在不再指责、提醒，甚至可以视若无睹。
5. 你已经开始对他说谎了。
6. 不愿再花过多的时间去选择用哪一种香味的香水。
7. 旅行时拍的照片，都几个月了还没来得及冲洗。

8. 约会以后，已经不再想马上要见他。

9. 为他打扫完凌乱的房间后，已筋疲力尽，他却心安理得，你很生气。

10. 你现在会答应朋友们一起去聚会或参加 Party,甚至会主动邀请朋友出去玩。

11. 不明情况的人问你有没有男朋友时，你没有立刻告诉他"有"。

12. 最近，偶尔会忘记他所交代的事。

13. 和他约会前已没有精心打扮的心情。

14. 现在总觉得一切都已无法改变，是注定的。

15. 有时觉得一个人也挺好。

第二部分：根据约会时的情况，选择较符合实际情况的答案。

1. 每次和他见面时的话题大多是：

A. 总有着不同的内容

B. 基本是重复的话题

C. 各自叙述自己这些天的事情

2. 你们交往时的感觉发生了以下哪种变化：

A. 不再像从前一样对约会有那么大的兴趣

B. 觉得他对你不再温柔、体贴了

C. 煲电话粥的时间和次数明显减少

3. 如果你告诉他要和朋友去长途旅行，他会：

A. 详细地追问你们旅行中的每一个细节，比如路线、人员等

B. 不是滋味地说："真好呀，有那个上海男孩吗……"

C. 冷淡地说："自己多小心！"就不再过问

4. 他的生活最近有哪些变化?

A. 升学、就业或跳槽。

B. 喜欢上一种新的运动或游戏

C. 常和他的哥们儿一起出游或者结交了新朋友

5. 你们俩正在窃窃私语时被一阵门铃声搅乱，他的反应是：

A. 无所谓的表情

B. 赶紧去开门

C. 觉得他特别生气或不舒服

6. 当你们为了就餐的地点而产生分歧时：

A. 他会顺从你的意见

B. 你会顺从他的意见

C. 到两人提议的地点以外的地方

7. 你不知道他在哪儿，打电话找他，问他在干什么，他的回答是：

A. 笑着说："你会在意吗？"

B. 支吾着说："和朋友见面。""工作啦！"

C. 没什么特别表示

8. 假如你心情不好，深夜突然打电话给他说："我想见你。"他会：

A. 委婉地拒绝道："太晚了，改天吧！"

B. 不问理由地训斥你道："你怎么总这么任性呐！"

C. 迷糊地对你说："我想睡觉……"

9. 如果你告诉他说"我发现我已经有些不懂你了"之类的话，他的反应是：

A. 反问你："为什么？"

B. 干脆地说："没有呀！"

C. 沉默以对

10. 他惹你生气之后，你们在冷战。他会：

A. 先僵持着，最后还会是他先妥协，跟你道歉

B. 爱理不理，待自己平复心情后，才又和以前一样地和你交谈

C. 等你打破僵局

评分标准

第一部分：每项答是"是"得 1 分，"否"得 0 分。

第二部分：A 项 2 分，B 项 1 分，C 项 0 分。

1. 若第一部分的得分为 0 ~ 5 分，

第二部分的得分为 16 ~ 20 分，则为 A 型。

第二部分的得分为 8 ~ 15 分，则为 B 型。

第二部分的得分为 0 ~ 7 分，则为 C 型。

2. 若第一部分的得分为 6 ~ 10 分，

第二部分的得分为 16 ~ 20 分，则为 D 型。

第二部分的得分为 8 ～ 15 分，则为 E 型。

第二部分的得分为 0 ～ 7 分，则为 F 型。

3.若第一部分的得分为 11 ～ 15 分，

第二部分的得分为 16 ～ 20 分，则为 G 型。

第二部分的得分为 8 ～ 15 分，则为 H 型。

第二部分的得分为 0 ～ 7 分，则为 I 型。

测试结果

A 型：别让你的任性夺走你的爱情。多为你们的爱情制造一些良好的氛围，既然彼此都还心存爱意，那就应该为这份爱再做一次努力。其实，分手的预感不过是庸人自扰罢了。这可能是彼此关系太过单调而导致的吧！你应该重新审视一下彼此，怎样才能回到开始恋爱时的甜蜜和激情，别随便把分手挂在嘴边。

B 型：注意自己的言行，暂时静观其变。他的心态已经很平和，有些无所谓了，因为他已不再像开始时那样在意你的外表、你的健康甚至你的一切，对方可能开始考虑要分手了。最近，你对他的态度是否过于随便？是否在他的面前言行不够谨慎呢？如果这样下去的话，他可能会主动提出分手。如果你也失去了对他爱的感觉，那就洒脱地对他说："结束吧！"如果你还是舍不得放弃，最好是静观其变，如果真的到了尽头就别再犹豫和勉强。

C 型：为自己的爱情再拼一次吧！你对他的爱已经情入膏肓，如果轻易地随他去，你心底的伤口可能会很长时间难以愈合。他似乎对你很冷漠，但是，你仍旧深爱着他。因此，你要努力让他再回头。绝对不要想当然地认为："既然他不爱我，那就算了吧！"千万不能轻易放弃。否则，分手的时候，你对他还是会非常依恋的。带着伤痛是很难步入下段感情的，你也根本无法给下一个他一个完整的你。尽自己最大的努力吧，试着改变自己，让他有新鲜感，他也许还会回来的。

D 型：别弄假成真。他也许从来没想过分手，但是你老是在他的耳边唠叨你的不满，小心他会动摇的。这种想法是由于你自认为他很宠爱你，自信不会被他抛弃。难道你真的想和他分手吗？倘若觉得一个人会孤独、寂寞的话，建议你不要分手。请小心自己任性的行为和想法。你的任性很可能使他的自尊受到伤害，到时你后悔也没人陪你掉眼泪！

E 型：你们的爱情只在一念之间。你们似乎不约而同地认为爱真的走到了尽头，可能彼此心中都有分手的想法，只是都不愿主动提出。你们两人似乎都认为干脆分手会更好！只要一方提出分手，可能两人都会立马解脱。但是，如果其中的一方还是无法承受彼此分离的心理落差，舍不得放弃，还想回来，那你们的分手一定不会彻底。那么，该怎么办呢？如果彼此觉得分开可以找到更好的归宿，或者你已有了心仪的对象，也可以和他分手。

F型：再问自己一次：我现在能离开他吗？你在他心中的位置已经不是最重要的了，看样子，他好像早就有意和你分手了。但是，因为你这么爱着他，使得他说不出分手的话语。现在，表面上你们还在交往，实际上，却是你一厢情愿。

该怎么办呢？要不要下定决心让他走呢？下不了决心的话，就假装不懂他的心思，继续和他玩一场爱情游戏，这也是一种方法。只是你要有充分的准备去承受被抛弃的痛苦，如果他真的不再爱你，这一天总会到来。

G型：何不尝试一下单身贵族的惬意呢？你们两人可以开口提出分手了，为什么不表示出来呢？难道你不愿意主动提出分手吗？或者是因为你还爱着他呢？但是，和不喜欢的人一起生活，只会带来痛苦。总之，你们迟早会分手。所以，请赶快做好一个人过日子的心理准备吧！也许这还会是你生活的另一个转机呢！

H型：此时不分，等待何时！在彼此还心存美好的时候，尽量地保存这份美好吧！别等到僵持不下的时候再去彼此伤害。你们现在正处于一触即发的状态。如果你想再稍微拖延一下分手时间的话，那么就应该听从他的安排。请利用这段时间做好面对即将来临的悲痛现实的准备吧！也许分手后，你对他还会有一些依恋。如果你不愿面对如此结果的话，那么就先甩掉对方吧！既然是由自己主动提议的，那么应该就可以更加释怀了吧！

I型：你已经是在耗费自己的时间和生命！如果你一时还不能接受没有他的生活，那就离开你现在住的地方，进行一次长期旅行，或去朋友、亲戚家住一段日子，远离会让你想起他的任何地方，或者干脆找一个新的恋人。现在已到了分手的时刻，彼此的爱情已降至冰点了。再这样下去，坦白说只能算是耗费时间和生命。人生不是一次无尽头的旅行，每一段都要让自己活得更精彩！

心理视点

爱情这条路有人走得很艰辛、很痛苦，而有的人却走得很顺畅、很开心，不管爱情最后能否有结果，能否一起走过红地毯，都应该坦然地去面对，摆正自己的心态，把爱情看成是人生中的一次旅行，享受过程本身，何必太在意结果呢？当爱情走到尽头时，请不要伤感，微笑着对他说："谢谢你陪我度过了美好的时光！"然后向前寻找另一份快乐和幸福。

你恋爱的致命弱点是什么

测试导语

恋爱并不是一切皆如己所愿的，心中憧憬的场景和实际情况总是大相径庭，在表白的紧要关头却变得胆怯，无法让心爱的他（她）真正了解自己。是什么原因让你的恋情停滞不前呢？这个测验，就是要检验你恋爱上的弱点在哪里。

测试开始

这里是南太平洋上的珊瑚岛，白沙、翡翠色的海、仿佛可看透的蓝天，构成一幅美景。在波浪拍打的沙滩上，有一位美女独自漫步，海风吹起她的金发，她拥有健康的肌肤，还有模特般的惹火身材。而且，她是一丝不挂的。她为什么一丝不挂呢？请选择一个理由。

A. 那里是属于天体营俱乐部的小岛

B. 她以为自己是穿着泳衣的

C. 她是个女演员，正在拍摄电影

D. 那里是个无人岛，岛上只有她一个人

测试结果

选 A：受伦理观阻碍的类型。你是个天生守规矩的人，在恋爱上常常受社会规范束缚，而无法踏出最重要的一步，何不率直地行动？

选 B：受自卑感阻碍的类型。你是否常常自认没有很好的条件而自行放弃？你容易将自己的评价得太低而且有害怕被拒绝、害怕受伤害的想法，这正是你恋爱上最大的败因。请对自己更有自信之后，再开始谈恋爱吧！

选 C：受完美主义阻碍的类型。任何事情不做到完美就无法释怀，这种心理羁绊了你的恋爱脚步，使应该有美好结局的恋爱也不了了之。最好能够明白没有人是十全十美的，也唯有如此你才能找到真正属于自己的幸福。

选 D：人际关系的多虑成为阻碍的类型。你过度在意周围的人，而无法自由恋爱，希望得到有父母亲和朋友们祝福的恋爱，你的这种想法太强烈，而致使最在意的恋爱失败了。不要奢望每个人都认同你的想法，最重要的是依自己的价值观行动。

心理视点

心理评析恋爱是一件很美妙的事情，可是在爱情的道路上并不是一帆风顺的，总会有磕磕绊绊、不开心，处理不好就会一拍即散。谁也不想受伤和伤害别人，谁也不想在恋爱中失败，也不想在恋爱中处于被动状态，这就要求你在恋爱技巧方面多下功夫。

第三章

婚姻经营全方位

你现在可以结婚了吗

💬 **测试导语**

想知道你目前是否适合结婚吗？你的心理年龄是否达到了结婚的年龄呢？你真正达到了合格妻子的标准吗？你真的能承担起一个家庭的责任吗？做完下面的测试，你就明白了。

✏️ **测试开始**

跟男友约会时，一时兴起买了彩券，居然中了 500 万，你会如何处理呢？

A. 跟男友一起挥霍掉

B. 一半存起来，一半自己用

C. 把钱全部给男友

D. 不吭声一个人独占

📋 **测试结果**

选择 A：立刻想结婚型，选择将喜悦与男友分享的你十分渴望婚姻，如果可以的话，要你立刻结婚也没问题。因为你早就打听好哪家喜饼好吃、哪家婚纱棒、哪家饭店有折扣，你的准备工作都已完成，只不过这样容易给另一半造成不小的压力，最好彼此多沟通一些会比较好。

选择 B：时机成熟型，目前的你觉得自己该结婚了，只不过你可能对于

173

另一半有所不满，所以才会选择一个人独占所有的钱。你的如意算盘是骑驴找马、走一步算一步，如果有更好的对象就把现在的男友给甩了，如果还是没有新发展的话，便会乖乖地与原来的他结婚。

选择C：时机未到型，现在的你觉得"结婚"是件离你很遥远的事，不管目前的状况如何，你都觉得一切言之过早。可能是你交往的对象不能让你有托付终身的信心，也可能是现在的他根本让你不敢指望有未来。总之你会暂时维持现状一阵子，然后再慢慢思考其他的可能性。

选择D：独身主义型，你有点瞧不起婚姻，根本不想进去这个恋爱坟墓。目前的你很喜欢单身，自由自在的生活，让你舍不得就此放弃。不过好男人会很容易被抢走，如果不是坚定的独身主义者，该把握的时候还是要把握，不然到最后很可能会徒留遗憾。

🔒 心理视点

人总是要结婚的，但时机是否成熟呢？比如你的年龄、心态、生活的基础、对男朋友的满意程度等等。结婚对一个人来说是一生中的大事，千万要谨慎小心，不要操之过急，如果草草了事，婚后若是出现什么变故，将给你带来莫大的创伤。如果万事俱备，你能够承担一个家庭的一切责任了，那么也不要犹豫，因为婚后的生活会更幸福！

你的婚姻够理想吗

💬 测试导语

处于婚姻中的你们是情投意合、心心相印吗？是相互理解、相互尊重吗？想知道自己婚后的生活是否美满，就请做下面的测试。

✏️ 测试开始

1. 对待繁重琐碎的家务劳动总是：
A. 争着做
B. 推给一方
C. 合理分担

2. 你们夫妻怄气以后言归于好的一般过程是：
A. 一方让步

B. 互有让步

C. 都不想让步，求助于外力

3. 经过婚后共同生活波折的考验，你感到当初你选她（他）做配偶的决定是：

A. 一个失误

B. 介于 A、C 之间

C. 一个最聪明的选择

4. 在我看来，世上最为理想的婚姻关系应该是：

A. 双方事事如意

B. 如意与不如意交替出现

C. 在多数情况下如意

5. 引起夫妻之间争吵、怄气最多的话题通常是：

A. 经济上的支出

B. 对家庭内外一些事情的认识及处理方法

C. 猜疑一方不忠诚

6. 在教育孩子的基本方向和采取的方法上：

A. 认识一致

B. 分歧严重

C. 少数情况下不一致

7. 你和你的丈夫（妻子）的生活属于：

A. 常年不在一起，难得一见

B. 终年在一起，从不分离

C. 时有短暂的分离

8. 闲暇时间，你们总喜欢这样度过：

A. 介于 B、C 之间

B. 夫妻一起度过

C. 和亲友一起度过

9. 你们夫妻对性生活的要求是：

A. 在可能情况下质量兼顾

B. 只注意量

C. 只注意质

10. 夫妻之间经常由于某些分歧而相互拌嘴、怄气、彼此不理睬是：

A. 很大的不幸

B. 最好别发生

C. 这不是重要的，重要的是尽早和好

11. 你们夫妻对性生活的共同感受是：

A. 不仅是感情融洽的享受，也能激起对下次性生活的向往

B. 总表现为不愉快的过程

C. 仅是感情较融洽的交流

12. 作为一对恋人，你们对于未来小家庭中的一些大事诸如生活安排、较大的支出、孩子教育等总是：

A. 偶尔商量

B. 经常商量

C. 一人决定

评分标准

选项\ 得分 \题号	1	2	3	4	5	6	7	8	9	10	11	12
A	3	1	5	5	3	1	5	3	1	5	1	3
B	5	3	3	3	1	5	3	1	5	3	5	1
C	3	5	1	1	5	3	1	5	3	1	3	5

测试结果

12～22分：婚姻关系很理想。对你们来说，婚姻不是爱情的终结，而是更深的依恋。当然，有些时候，你们也可能闹点小别扭，但这不过是平静生活的小插曲，不仅无碍，还会为绚丽的生活上增加色彩。乌云过后，爱的天空更蔚蓝。

23～40分：婚姻关系较理想，尚需努力。一般而言，夫妻关系还算理想，但存有若干不理想因素，你们对此不要忽略。要看到，即使当初双方起点相同也不等于有相同的终点，更不等于在生活旅途中永远美满和谐，因而有不理想的成分不应苦恼，应视为正常现象。关键是要培养共同的价值取向。价

值观念一旦变化就会给夫妻关系蒙上阴影，你们对此应时刻留意。

41～60分：婚姻不理想。你们的婚姻缺乏爱情基础，即使相安无事，也只不过在委曲求全。对此夫妻双方宜做出努力、予以改变。夫妻关系长期失调、感情难以沟通，即使终日相处也感觉不到欢乐和幸福，还易导致"婚外恋"。记住一句名言："选择你所爱的，爱你所选的。"只要你们夫妻加强沟通，在感情上多投资，一切或许会好起来。

心理视点

美满的婚姻关系是社会以及缔结婚姻关系的人们不断追求的目标。婚姻的保鲜需要双方共同努力，而不是单方面的，如果只把手电筒照在自己身上，要求对方如何如何，自己却我行我素，那样的家庭是不和谐的。夫妻之间要多一些信任、尊重和反省，要多多沟通，把自己真实的感受告诉他，不要隐藏在心底，一切事情都可以在心平气和的状态下解决。

你适合哪种婚姻模式

测试导语

每个人的婚姻观都不同，有的人崇尚安详宁静能与爱人携手到老的金婚，有的人喜欢一个人无拘无束的单身贵族生活，有的人则幻想着跟爱人携手打拼共享激情岁月。那么，你又最适合怎样的婚姻模式呢？

测试开始

1. 跟朋友一起拍照，你都会加洗给他们吗？
A. 是的——请回答第 2 题
B. 不是——请回答第 3 题

2. 即使自己并不想去，一旦有朋友去厕所，你也常常会跟着去吗？
A. 是的——请回答第 4 题
B. 不是——请回答第 5 题

3. 说到礼物，你属于哪种情况？
A. 你比较常送人——请回答第 5 题
B. 你比较常收到——请回答第 6 题

4. 如果跟好朋友吵架，你比较讨厌哪一种情形？
A. 讲道理输给他——请回答第 7 题
B. 听他自以为是——请回答第 8 题

5. 你跟他一起吃薯片，结果只剩下一片，你会说什么？
A. "你要吃吗？"——请回答第 8 题
B. "我要吃掉喔！"——请回答第 9 题

6. 约会场所最多的是哪一种？
A. 他想去的地方——请回答第 9 题
B. 自己想去的地方——请回答第 10 题

7. 你是那种受到拜托就难以拒绝的人吗？
A. 是的——请回答第 11 题
B. 不是——请回答第 12 题

8. 你曾经想过，只要是为了喜欢的人，你可以牺牲生命吗？
A. 是的——请回答第 12 题
B. 不是——请回答第 13 题

9. 你想要早点生小孩吗？
A. 是的——请回答第 13 题
B. 不是——请回答第 14 题

10. 你曾经感情出轨过吗？
A. 是的——请回答第 15 题
B. 不是——请回答第 14 题

11. 你觉得自己：
A. 擅长倾听——请回答第 16 题
B. 擅长说话——请回答第 12 题

12. 如果要做，你觉得哪个比较好？
A. 总经理——请回答第 17 题
B. 副总经理——请回答第 16 题

13. 这是李奥纳多主演的电影，你比较喜欢哪个女主角？

A. 朱丽叶——请回答第 17 题

B. 露丝——请回答第 18 题

14. 经常跟你一起吃午餐的朋友有多少个？

A.4 个以上——请回答第 18 题

B.3 个以下——请回答第 19 题

15. 你曾经因为自己的任性而被甩吗？

A. 是的——请回答第 19 题

B. 不是——请回答第 14 题

16. 你不常跟朋友借钱，比较常借钱给别人吗？

A. 是的——请回答第 20 题

B. 不是——请回答第 21 题

17. 你对做义工有兴趣吗？

A. 是的——请回答第 21 题

B. 不是——请回答第 22 题

18. 你跟女性朋友有约，又跟他有约，如果撞期，哪边会被优先考虑？

A. 他——请回答第 22 题

B. 女性朋友——请回答第 23 题

19. 你一旦跟男性展开交往，就会维持很久吗？

A. 是的——请回答第 23 题

B. 不是——请回答第 24 题

20. 你觉得自己是个相当孝顺的人吗？

A. 是的——请回答第 25 题

B. 不是——请回答第 21 题

21. 你跟男孩子相处时，你是：

A. 想照顾他的类型——请回答第 25 题

B. 想被他照顾的类型——请回答第 26 题

22. 你和朋友大吵一架之后，通常先认错的是谁？
A. 自己——请回答第 26 题
B. 他——请回答第 27 题

23. 你跟他去吃饭时，经常是以谁的喜好来选择餐厅？
A. 他——请回答第 27 题
B. 自己——请回答第 28 题

24. 你最讨厌等红绿灯吗？
A. 是的——请回答第 28 题
B. 不是——请回答第 23 题

25. 你觉得哪一种人生比较幸福？
A. 平稳的人生——A 型
B. 多彩的人生——B 型

26. 你讨厌被人束缚，曾经因此而分手吗？
A. 是的——C 型
B. 不是——B 型

27. 如果自己想做的事受到干扰，即使对方是情人，也可以放弃吗？
A. 是的——D 型
B. 不是——C 型

28. 一旦发现对方有缺点，那个缺点会越变越大，让你越来越讨厌他吗？
A. 是的——D 型
B. 不是——C 型

测试结果

　　A. 专职主妇是你梦想的角色。你对结婚的观念可以说是相当保守，对你而言，女孩子就是要结婚，守着家庭，照顾老公跟孩子，这些是最重要的工作。这样的你，可以用贤妻良母 4 个字来形容，将来你会变成专职主妇，为了家人幸福而牺牲自己，同时成为出色的母亲。不过因为你对自己没有自信，所以可能会对老公及孩子过度依赖，这点必须注意。

B. 丁克族的生活是你的理想。对你而言，所谓结婚，指的是夫妻俩互相扶持，彼此照应，认为夫妻之间应保持平等关系，家庭虽然很重要，不过自己想做的事，你也不会放弃。建议你找个可以跟你分摊家事的老公，结婚之后便不需辞掉工作。不过要记得，在老公的父母以及朋友面前要给他足够的面子。

C. 也许自己过活会比较快乐。对你而言，婚姻是一个无聊的东西，虽然你也想结婚，不过却不想受到束缚，为什么有这种想法呢？因为你是把自己的自由看得比什么都重要的人，你可以选择单身赴任或是周末婚姻，跟老公保持一定的距离，如此一来既能享有自由，又能远离婚姻危机，必须留意的是，你的心胸要够宽阔，别去约束老公，不要嫉妒。

D. 你对婚姻并不抱任何憧憬。也许你觉得婚姻会夺去自己的自由，如果自己想做的事情受到任何干扰，你会觉得非常难以忍受。虽然你也希望有个情人，但你却不想结婚，你想在兴趣以及工作上面尽情发展，过自己的自由人生。值得留意的是，有时候你会突然感到寂寞，这时就需要朋友待在你的身边。

心理视点

婚姻是人生的重大转折点，有人说"婚姻是爱情的最高潮"，有人说"婚姻是爱情的坟墓"，那么我们究竟如何正确看待婚姻呢？

（1）婚姻是自己的事，我们需要对对方和婚姻本身负责。

（2）要真的懂得她（他），在婚前一定好好认识清楚要与你共度一生的人。

（3）婚姻是生活的驿站，不要把婚姻想象得过于理想，也不要把婚姻看做是爱情的坟墓，它是生活的驿站，是双方共同成长的过程。

（4）恋爱是浪漫的，婚姻是现实的，你必须有勇气面对现实生活里的各种问题，婚后要互相理解和体贴，不要强迫对方照自己的意愿行事。

你是合格的另一半吗

测试导语

作为家庭中的一员，你是合格的妻子或丈夫吗？你尽到自己应尽的职责了吗？想要更深入地了解自己，请做下面的测试。

✏️ 测试开始

对妻子的测试：

请你对下列问题回答"是"或"否"：

1. 你对他的父母及亲戚友善吗？

2. 你的思想不断充实，并与丈夫保持相近的兴趣吗？

3. 你常为合理而折中的意见微笑吗？

4. 对丈夫感兴趣的事情，你给予足够的自由和支持了吗？

5. 你时常更换家中的饭菜，使他坐在饭桌前时，总不知道将吃什么东西吗？

6. 你能勇敢地、愉快地应付经济上的困难，不批评丈夫的错误，或将他与更成功的人做比较吗？

7. 你穿衣服，在颜色及式样上注意你丈夫的好恶吗？

8. 你努力学习丈夫所喜欢的运动项目，并与他共同消遣吗？

9. 你尽力使你的家庭有吸引力吗？

10. 你对于丈夫的工作有了解吗？

对丈夫的测试：

请你对下列问题回答"是"或"否"：

1. 你对她读的书，对她关于公众问题的见解，的确有兴趣吗？

2. 对她为你所做的小事，如钉纽扣、补袜子或帮你洗衣服，你感谢她吗？

3. 在妻子生日时，你还送花给她吗？你常用些妻子没有想到的温柔的话语向妻子"求爱"吗？

4. 你机警地寻求机会赞美她吗？

5. 你经常不在别人面前批评妻子吗？

6. 你尽力去了解她的各种女性的特性，并帮助她度过疲乏、不安、易怒的时期吗？

7. 你至少一半的消遣时间同她共处吗？

8. 在家庭费用以外，你给她钱，完全随她用吗？

9. 你能让她与别的男子跳舞而不说嫉妒的话吗？

10. 除对她有利之外，你巧妙地避免将妻子烹饪或做家务的能力与母亲或别人的妻子比较吗？

✒️ 评分标准

对妻子的测试：

答"是"得3分，答"否"得0分。汇总得分。

对丈夫的测试：

答"是"得5分，答"否"得0分。汇总得分。

测试结果

对妻子的测试结果：

24分以上：祝贺你，你是一位非常贤惠并受丈夫宠爱的妻子，但你应不断提醒自己，不要总让他有优越感。

24分以下：虽然你的成绩不太理想，但你也不要泄气，希望你努力争取，在补考中能取得好的成绩。

对丈夫的测试结果：

40分以上：说明你是一个合格的丈夫，你应更加努力，你们的婚姻会更美好。

40分以下：说明你不懂得做丈夫的学问，还得从头学起。但对自己要有信心，如果在妻子的帮助下效果会更好。

心理视点

其实不管是妻子还是丈夫，评价他们是否合格，没有统一的标准，只要双方能相互爱护、相互信赖、相互支持、相互尊重、共同学习，双方都能从对方身上找到自己的幸福。这样就合格了。不过，这种幸福和睦源于生活细节的方方面面，需要双方共同营造。

你的婚姻会有危机吗

测试导语

你们的婚姻生活是美满幸福的，还是有一些问题，甚至是处于水深火热之中呢？做完下面的测试你即可明了。

测试开始

1.他晚上回家告诉你他方才遇到他的初恋情人，你会：

A.对他一一细数自己的旧恋人

B.问他："她是否和我一样爱你？"

C. 接下去的几天，一直在炉火中烧的情况下度过

2. 他出差回来，你会：
A. 向他要礼物
B. 问他在外生活好不好
C. 事先准备好晚餐，给他意外的惊喜

3. 你们两人心情都不好，而且家里没有做晚饭的菜，你会：
A. 让他出去买盒饭
B. 建议出去吃晚饭
C. 先给他倒一杯饮料，然后你入厨房煮一碗方便面给他

4. 在他发脾气时，你会：
A. 大骂他
B. 温柔地指出他这样做会使你受不了
C. 不去理睬他

5. 他心情不好，自己想独处时，你会：
A. 和他大吵一架
B. 约几个老同学见面
C. 在家看电视等他回来

6. 每晚他把棉被抢去一半以上，你会：
A. 把他推醒，大声说你很冷
B. 把棉被轻轻拉过来
C. 穿上一件厚实的睡衣

7. 你参加一个派对，而他说好去接你回家，你知道他喝了酒，你会：
A. 坚持叫他来接你
B. 打的自己回家
C. 冒险自己开车

8. 在性爱方面，他是否总是处于主动地位？
A. 从不
B. 有时

C. 总是

9. 一部精彩的电视剧和体育节目在时间上有冲突，你会：
A. 坚持要看自己喜爱的电视剧
B. 用扔钱币的办法来决定看哪个节目
C. 让他决定

10. 他生病时，你必须去上班，你会：
A. 催促他去看医生
B. 为他准备好药片和水，叫他卧床休息
C. 留在家里照顾他

11. 他理发回来，头发好像被铲草机铲过一样，你会：
A. "理了这样的头发，我不和你一起出去。"
B. "太短了一些，但头发很快会长起来的。"
C. "啊，你的耳朵多么漂亮！"

12. 你正在洗碗的时候，他从你身后走来紧抱着你，你会：
A. 给他一块抹碗巾
B. 让他帮你抹干碗碟，每抹一个碟，给他一个吻
C. 暂时不洗碗碟

13. 是睡觉的时候了，你没有心思做爱，你会：
A. 不理他，选一本小说去看
B. 告诉他你很疲倦，希望早些休息
C. 照顾他的情绪，同意他的要求

14. 你和他争吵一番，而且你能肯定自己是对的，你会：
A. 等他道歉后才和他说话
B. 同意让步
C. 自己先向他认错

15. 你们结婚纪念日，他送给你一件不合身的 T 恤衫，你会：
A. 向他要发票，你自己去换一件

B.接受它，而且偶尔穿一次

C.时时穿它

测试结果

如果你的答案大部分都是"A"：可以想象你的婚姻生活中一定有许多争吵和冷冰冰的时刻。你们的性格是否都很暴躁？其实生活中时常有争吵和冷漠的时刻，那还有什么乐趣可言？下次你和他争吵时，希望你想一想，如果有一天你和他共度银婚纪念日，该是多么幸福的事。

如果你的答案大多数是"B"：那么你们的婚姻生活今后应是很美满的，因为你在漫长的共同生活中，知道双方必须迁就和谦让，而不应制造"战火"。你相信婚姻不是建立在幻想的基础上，而是现实生活的产物。

如果你的答案大多数是"C"：你确实值得敬佩。你总是把你的他放在第一位，谁不敬佩这样的人？但是如果你长期这样下去，不考虑自己的需要，也不向他诉说，久而久之，你可能会产生一种怨气。因此奉劝你，在首先考虑他的同时，也要让他了解你的需要，不要总是让自己处于被动的状态。

心理视点

现实生活中以下4种人往往容易出现婚姻问题：

（1）典型的男人。即通常所说的大男人，具有典型的男性心理特征。对于这种典型的男人来说，他必须学会尊重自己妻子的特质、价值、需要，努力接纳对方的情绪感受。

（2）典型的女人。这种女人通常会爱上与她极为相似的男人，这类型的女人必须增强独立自主的应变能力，应该懂得适时威胁，放弃渴望对方主动回报的期待。

（3）敏感、依赖型的男人。这类男人往往会爱上那些具有阳刚气质的女人，但天长日久会产生内心的冲突，这类型男人要学会让自己变得有理性、有决断力。

（4）独立性强的女人。这类女人易与具有女人特质的男人交往，但当他们的女性特质逐渐显现并增强时，便会令她们难以接受，这种女人应学会放松自己，允许自己变得软弱，学会将负面情绪表达出来，承认自己即使表现得很坚强，其实内心很脆弱。

第四章

影响家庭关系的危险元素

婆媳关系，你处理得怎么样

测试导语

婚姻关系中具有重要影响力，而且最令人感到棘手的，恐怕就是婆媳关系了，为了营造和谐的家庭氛围，必须处理好婆媳关系，那么你处理得怎么样呢？请来测一测。下列问题，只需要回答"是"或"否"。

测试开始

1. 你的相貌比较平常吗？

2. 家里是你最放松的地方吗？

3. 你在娘家是老大吗？

4. 早晨会感到精力充沛吗？

5. 喜欢看女性杂志吗？

6. 你喜欢看言情故事片吗？

7. 你喜欢色彩明快的衣服吗？

8. 你长着一双细长的眼睛吗？

9. 周末在家不想梳妆打扮吗？

10. 婆婆不算胖吗？

11. 你对婆婆的第一印象很好吗？

12. 你不太爱说话吗？

13. 你不喜欢到处旅游吗？

14. 你丈夫的收入很高吗？

15. 你做家务时常哼歌吗？

16. 你的学历很高吗？

17. 你对丈夫看管很严吗？

18. 喜欢吃甜食吗？

19. 喜欢洗衣服，而不喜欢做饭吗？

20. 有晚睡的生活习惯吗？

评分标准

答"是"得 3 分，答"否"得 1 分。得分累计相加，算出总分。

测试结果

0 ~ 10 分：悲剧型的媳妇。其实你不是个性软弱，而是人太好了。在你的想法中，婆婆的定义就是"她是我所爱的人的母亲"或是"婆婆应该会疼爱我"。

不过，对嫉妒心强烈的婆婆而言，有时会认为"你是抢走我儿子的坏女人"。在做法上，可能与你的想法完全不同。

当你无法忍受时，就会到处散播婆婆的坏话，但是到最后反而会有"其实婆婆人也不坏"的想法。因此，你们的婆媳关系是一直维持在两条平行线上。

11 ~ 23 分：恶媳妇，缺乏慈悲心。在婆媳过招之中，通常是想到恶婆婆虐待苦命媳妇；不过，对你而言却正好相反。

由于个性倔强，加上有仇必报的性格，因此，只要受到任何委屈，就会加倍奉还。而且，当发出决战宣言时，即使要利用卑劣的手段获胜，也在所不惜。甚至有时会利用数十年，进行报复战。

还有，你和婆婆之间不仅会发生正面冲突，有时还会暗地里耍手段，而且，你的内心完全没有同情心或慈悲心，老实说，这种人相当可怕。

24 ~ 35 分：标准的回避责任的媳妇。你是不是一遇到问题，就会想办法推卸责任？在婚姻生活中，你也会发挥这样的特性。

当与婆婆发生冲突时，你不会当面解决，而是将责任推给丈夫，甚至会说："跟你结婚之后，我就知道会发生这种事！"如此反而会使丈夫左右为难。

有时你要从丈夫的立场来考虑，毕竟，母子与夫妻之间，最辛苦的可能是丈夫。而且，如果太过分而造成离婚的话，自己也要负部分的责任。因此，一定要客观冷静地处理婆媳关系。

36～47分：与婆婆对立抗衡的强硬媳妇。个性单纯极富正义感。在你的想法中，如果婆婆太不讲理，就只能对她冠上恶婆婆的称呼。这时，在举动的反应上，你将会相当激烈。

由于你的这种个性，你根本就不可能有良好的人际关系，甚至会完全不顾婆婆的意见，一味地反击。

48～60分：让婆婆感动的好媳妇。你是最理想的媳妇。善解人意，对婆婆的抱怨是左耳进、右耳出，一点都不会发怒。

还有，你生性乐观，在最初时可能婆婆会对你不好，等相处一段日子之后，你将会越来越受欢迎。

也就是说，你可以维持非常好的人际关系。不光只是与婆婆，就连小叔、小姑、附近邻居，甚至是杂货店老板，都会说："××老太太娶到了个好儿媳妇。"不过，有时锋芒太露，反而会使丈夫失去光彩。

心理视点

处理好婆媳关系能增添家庭和谐的气氛，如何处理婆媳关系呢？请做好以下几点。

（1）相互尊重。婆婆和媳妇都要相互承让对方有独立的人格、独立的经济地位，谁也不要支配谁，谁也不要完全听命于谁，全家的事情商量着办。

（2）相互谅解。媳妇要多体谅老人的心理，老人所想的不可能和年轻人完全一样；婆婆也要多体谅媳妇的心理，家庭环境不同，处理事情的方式也不同。

（3）切忌争吵。在任何情况下，婆媳都不要"针尖对麦芒"地吵，如果一方发火了，另一方要暂时忍让，平时如果有些意见，千万不要和邻居、亲友乱讲，话传来传去，没有矛盾也要弄出矛盾来。但是如果有事情非说不可，双方可以找机会好好地、开诚布公地谈，或是由儿子恳切地转达。

（4）精神上的安慰和物质上的照顾相结合。媳妇对婆婆要多多地关心，在力所能及情况下，要经常买些老人爱吃的东西给婆婆吃。这不仅是物质照顾，更主要的是一种精神上的安慰。

他为什么想离婚

测试导语

眼下离婚好像成了一件时髦事，是什么原因导致这种现象的发生呢？他为什么想离婚呢？做完下面的测试，答案就会揭晓。

测试开始

假设你已婚，而你的配偶想和你离婚，你认为是什么因素造成他想和你离婚？

A. 他在外面有了外遇，爱上了别人

B. 经济上的问题

C. 彼此的人生价值观有明显不同

D. 觉得彼此已经没有吸引力，不想再爱下去

测试结果

A：他是多情种子，经常难抑心中热情，需要寻找更多的爱情体验，或者结婚太多年，使他对你的吸引力感到乏味。要想挽留这样的丈夫，你应该给他更多的自由空间。但是如果你受不了一个花心伴侣，就赶快跟他说"再见"。

B：为经济问题离婚，是离婚三大问题之一，你们的婚姻已亮起了红灯，他常常拒绝和你接近，有钱去招待朋友，也不愿邀请你，你成了他的累赘，他甚至不愿正视你，只有你赚到很多钱时，才有他的爱情。

C：他或许已经有了外遇，或随时准备外遇，你们的爱情正在触礁状态，可能他需要得到非常重要的东西，而你浑然不知；可能需要有人帮助他在事业上有所表展，或赚更多的钱，而你却无力去帮助他。赶快去满足他吧！否则赶快为自己在分手后做些打算。

D：他是个浪漫的人，情调对他非常重要，他的外遇概率很高，为了挽留你的配偶，应当在生活中多制造相处乐趣及愉快气氛，你应当多为他而打扮自己，多穿他爱看的衣服，多说他喜欢听的甜言蜜语。

心理视点

造成离婚的原因很多，在日常生活中，根据很多专家学者的调查，主要有以下几种：

（1）缺乏了解就结婚。

（2）缺乏爱的婚姻。

（3）缺乏婚姻两性技巧。

（4）婚外情或个性不合。

（5）经济问题或生活发生重大改变。

你家会有第三者出现吗

测试导语

当今社会物欲横流，道德水准下降，第三者现象已是司空见惯。你家会有第三者出现吗？请做下面的测试：

测试开始

1.近来我丈夫（妻子），常在我面前提及和夸奖某个女子（男子）。

A. 是

B. 否

C. 不确定

2.她（他）很少主动要求同我过性生活。

A. 是

B. 否

C. 不确定

3.她（他）最喜欢拿孩子做出气筒。

A. 是

B. 否

C. 有时

4.我和他（她）经常会为同异性交往而争吵、怄气，每次争吵之后，极难平静。

A. 是

B. 否

C. 不确定

5.我们夫妻原来感情很好。可婚后由于客观原因（如升学、升职等）把我们差距拉大，于是感情日渐淡薄。

A. 是

B. 否

C. 很难说

6. 他（她）手中有不少钱，花钱如流水，可对家庭建设却毫无兴趣。

A. 是

B. 否

C. 有时候是

7. 当初我们十分相爱，彼此有强烈吸引力，可婚后他（她）的想法变了（如丈夫原想找一个漂亮女，婚后又羡慕贤内助；妻子想找一个潇洒男子汉，婚后又想找模范丈夫等）。

A. 是

B. 否

C. 有点

8. 他（她）经常背着我独自到外面游逛、约会、跳舞。

A. 是

B. 否

C. 不确定

9. 我常常因为忙工作、忙家务、忙孩子而忘记关心他（她）。

A. 是

B. 否

C. 不确定

10. 半年来，我们的性生活极不协调。

A. 是

B. 否

C. 有点儿

11. 我们两个的年龄相差 12 岁以上，双方都对此很敏感。

A. 是

B. 否

C. 大概是

12. 他（她）一有时间，就躲在家看那些淫秽书刊和黄色录像。

A. 是

B. 否

C. 偶尔

评分标准

凡是肯定回答每题得 2 分，否定回答得 0 分，中间情况得 1 分。把题答完后算出自己的总得分。

测试结果

0 ~ 8 分：你大可以稳坐泰山，不用心慌，因为你的家庭"固若金汤"，即使第三者有意介入，也只能望洋兴叹。

9 ~ 16 分：你的家庭有被第三者插足的危险倾向，所以千万不要大意，要谨防那些条件优越、手段高明的第三者。

17 ~ 24 分：你的家庭现在相当危险，给第三者留下面积较大的落脚之地，说不定第三者已经悄无声息地潜入你的家庭，所以要认真对待。

心理视点

即使你的分数较低，也要居安思危，社会毕竟是很复杂的，你要着眼于未来。如果你的分数较高，建议你对婚姻的历史与现状做一番回忆与思考，如果属于误会要及时消除，如感情出现危机看能否设法补救。

你是家中的受气包吗

测试导语

在婚姻中不是双赢就是双输，不过在输赢之间还是会有一个人默默地在当受气包！看看你在婚姻中会不会是个受气包呢？

测试开始

当你回家的时候惊讶地看到另一半正在翻跟斗，你的第一个直觉反应会是什么？

A. "你还好吧？怎么了？"

B. "哇！怎么这么厉害？"

C. "神经病！你在干吗？"

测试结果

选择 A 的人：在感情的世界上，你会为了爱，甘心当受气包，被踩躏。这类型的人只要爱上对方的时候，会无限忍受另外一半，不管对方怎么说你或做什么事情惹得你不开心，你还是会忍耐下来，你觉得可以跟对方在一起其实就是个缘分，要好好珍惜。

选择 B 的人：你会为了让另外一半在外人面前有面子，偶尔吃亏忍耐当受气包。这类型的人在感情中会觉得要在外人面前给另一半面子，表现自己很有风度很有修养，也会让另一半很开心、很有面子，不过这就是他的聪明之处，因为回家之后另一半会对他更好，是一个真正懂得经营感情的人。

选择 C 的人：你常常惹对方生气，让另一半当受气包而不自知。这类型的人很直，没什么心眼，而且有大男子或大女人主义的倾向，你觉得你是教导对方，觉得自己讲得非常有道理，可是对方会觉得非常委屈，觉得自己这么努力了还没有达到你的标准。

心理视点

生活就是这样，每天都在发生有形无形的战争。说起来鸡零狗碎、鸡毛蒜皮，说多了还叫人笑话。然而每个人都在生活的粗俗和琐碎中经受考验。新潮男女难以忍受此中的磨难，叹息一声"怎么会是这样？"便互道"拜拜"，从此天各一方，独自潇洒去了。趁着年轻还有资本，他们拼命地消费自己，待到人老珠黄，也就心平气和，认可"生活的平庸"了。比之前辈，他们不乏洒脱快乐，但在频繁的探索与转换之间，他们很难深入体会生活的艰辛与美好。与他们一同笑过的人，他们很快忘记他；与他们一同哭过的人，他们也很难长久地记得他。只是到了人生的暮年蓦然回首，他们才似有所悟，但很难说一句无悔今生、笑对所爱。

爱一个"完美"的人并不难，爱一个"有缺陷"的人却很难，长久地爱一个这样的人尤其难。而唯其如此，人的感情才显得深沉厚重、感天动地。说到底，在上帝如炬的目光审视下，我们谁敢大言不惭地说自己是"完美"的人呢？既然自己并不完美，凭什么要求自己的爱人完美呢？爱一个人，便意味着全身心地、无条件地接受他（她）的一切，包括他坚强掩盖下的脆弱、诚实背后的虚伪、才华表象下的平庸和勤劳反面的懒惰，甚至要忍受婚前不曾发现的种种生活恶习。诚实、善良、美丽、贤惠的是你的妻子；虚伪、做作、小气、庸俗的也是你的妻子。风度翩翩、举止优雅的是你的丈夫；打老婆、骂孩子，言语粗鄙、行为粗俗的也是你的丈夫。否定了爱人丑陋的一面，也就否定了他的全部；否定了他的全部，也就否定了你自己的生活。

第四篇

处世解密，教你做一个社交达人

第一章

掌握自己的社会生存指数

你的社会适应能力如何

测试导语

我们身处的大千世界充满变化，在很多时候，多数人并没有能力改变所处的环境，只能在一定程度上改变自己，让自己更加适应外部世界，可是"江山易改，本性难移"。改变，你能做到吗？

此项测试有 20 道题，每题有 5 个答案备选，每题只能选一个答案。请在 10 分钟之内完成。

A. 与自己的情况完全相符

B. 与自己的情况基本相符

C. 难以回答

D. 不太符合自己情况

E. 完全不符合自己情况

测试开始

1. 和许多不认识的人在一起，我总是感到脸红、心跳。

2. 能和大家相处融洽对我是很重要的，为此我经常放弃真实的想法，以便与多数人保持一致。

3. 只要一体检，我的心脏总是跳得很快，可我在日常生活中并不总是这样。

4. 哪怕是在环境很热闹的大街上，我也能全神贯注地看书、学习。

196

5. 参加某些竞赛活动时，情况越激烈我就越紧张。

6. 越是重大考试我的成绩越好，比如升学考试成绩就比平时高许多。

7. 如果让我在没别人打扰的空房子里进行一项很重要的工作，那我的工作效果一定很好。

8. 不管面临多么紧张的情形，我都能毫不紧张、应对自如。

9. 哪怕是已经倒背如流的公式，老师提问时我也会忘掉。

10. 在大会发言时，我总会赢得最多的掌声。

11. 在与他人讨论问题时，我经常不能及时找到反击的语言。

12. 我很愿意和刚见面的人很随意地聊天、说笑。

13. 如果家中来了客人，只要不是找我的，我总是想法避开，不与之打招呼。

14. 即使在深夜，我也不怕一个人走山路。

15. 我一直喜欢自己单独完成工作任务，不愿与人合作。

16. 我对通宵工作没有任何不满和抱怨，只要工作需要。

17. 我对季节变化比别人敏感，总是冬怕冷夏怕热。

18. 在任何公开发言的场合，我都能很好地发挥。

19. 每当自己的生活环境发生变化，我总是感到身体不适，闹些小病，如发烧、咳嗽等。

20. 到一个新的环境工作、生活时，周围再大的变化对我也不会有影响。

评分标准

题号为单数的题目评分标准为：A 记 1 分；B 记 2 分；C 记 3 分；D 记 4 分；E 记 5 分。

题号为双数的题目评分标准为：A 记 5 分；B 记 4 分；C 记 3 分；D 记 2 分；E 记 1 分。

将各项得分相加，即为该测试总得分。

测试结果

20～51 分：你的社会适应能力很差，不太适应现在的生活节奏和周围环境的变化，对于改变，你总是充满恐慌，缺乏主动适应环境的积极性。

52～68 分：你的适应能力一般，还有待提高，你完全有能力以更高的热情、更积极的态度主动适应身边的人和事。

69～100 分：你有很强的适应能力，无论是自然界的变化，还是工作、环境的变化，你都能应对自如。

心理视点

社会适应是指个体逐步接受现存社会的生活方式、道德规范和行为准则的过程。它对个体生活具有重要意义。社会适应能力主要由社会认知、社会态度、社会动机、社会情感、社会交往能力等构成。社会适应能力具体包括以下几种能力。

（1）说话的能力。说话，是体现个人能力的重要手段。话说得好能给人留下良好的印象，为自己的成功提供更多的途径和更好的保障。

（2）人际交往能力。有些人以自我为中心，在与他人交往时，往往"严以律人，宽以待己"。此举极为不妥。是否具有良好的人际交往能力，可准确体现你的文明礼貌程度及综合素质的高低。

（3）适应环境的能力。学生生活中对环境的适应能力直接影响其学习成绩的好坏；在职业生涯中直接影响工作的业绩、收入的多少，等等。

（4）自我调控能力。能正确认识自己，对自己的行为有自我约束力。要学会自我教育、自我管理、自我调控的本事。

（5）协调合作能力。良好竞争需要合作，合作是为了营造更健康的竞争。为此，必须具有良好的协调合作能力。

（6）终身学习的能力。现代社会，日新月异，而要跟上社会的发展，就要树立终身学习的理念和能力，只有不断地学习，不断地充电，才能适应日益激烈的竞争环境，才能更好地做好本职工作。

你的生存技能如何

测试导语

生存技能包括野外生存的技能和基本生存技能，在这里主要是指基本生存技能，你具备了基本的生存技能了吗？

做完下面的测试就知道了。

测试开始

1. 我经常参加一种体育活动。

A. 完全符合

B. 完全不符合

C. 介于二者之间

2. 当我想进一步了解事物时，我得触摸它们。
A. 完全符合
B. 完全不符合
C. 介于二者之间

3. 我在一项或几项运动项目上在同伴中称得上出众。
A. 完全符合
B. 完全不符合
C. 介于二者之间

4. 我认为自己手脚很灵活。
A. 完全符合
B. 完全不符合
C. 介于二者之间

5. 我喜欢可以拆分开的玩具（魔方、拼图、九边环等）。
A. 完全符合
B. 完全不符合
C. 介于二者之间

6. 当我外出长时间散步或慢跑，或做其他运动时，我的头脑最灵活，最能想出好点子。
A. 完全符合
B. 完全不符合
C. 介于二者之间

7. 学跳舞时，在同伴中我的协调性比较好，舞姿优美。
A. 完全符合
B. 完全不符合
C. 介于二者之间

8. 我喜欢尝试新的游戏和活动，这是一件有趣的事。
A. 完全符合
B. 完全不符合
C. 介于二者之间

9. 我喜欢用双手做一些实在、具体的事情，例如，编织、雕刻或是模型制作。
A. 完全符合
B. 完全不符合
C. 介于二者之间

10. 我喜欢利用旧报纸、旧日历及旧罐头盒等物来做成各种好玩的东西。
A. 完全符合
B. 完全不符合
C. 介于二者之间

11. 我对机器很感兴趣，也很想知道它里面是什么样子，以及它是怎样转动的。
A. 完全符合
B. 完全不符合
C. 介于二者之间

12. 当我与他人交谈时，常使用手势或其他方式的肢体语言。
A. 完全符合
B. 完全不符合
C. 介于二者之间

13. 我喜欢坐云霄飞车或玩其他惊险刺激的游乐项目。
A. 完全符合
B. 完全不符合
C. 介于二者之间

14. 我想自己亲自体验一项新技能，而不想只是阅读有关它的报道或观看描绘它的录像。
A. 完全符合
B. 完全不符合
C. 介于二者之间

15. 在家里，像更换灯泡、修理水龙头之类的活通常是我做的。
A. 完全符合
B. 完全不符合
C. 介于二者之间

16. 上学时，我的手工作业完成得不如别的同学好。

A. 完全符合

B. 完全不符合

C. 介于二者之间

17. 我学骑自行车、学游泳通常比周围的人要慢。

A. 完全符合

B. 完全不符合

C. 介于二者之间

18. 到了一个陌生的环境，我会比周围人更早搞清自己所处方位，很少迷路。

A. 完全符合

B. 完全不符合

C. 介于二者之间

19. 学习弹钢琴和用电脑键盘时，我的手指显得很笨拙。

A. 完全符合

B. 完全不符合

C. 介于二者之间

20. 我做的菜大家都爱吃。

A. 完全符合

B. 完全不符合

C. 介于二者之间

评分标准

题号 选项 得分	1	2	3	4	5	6	7	8	9	10	11	12	13	14	15	16	17	18	19	20
A	2	2	2	2	2	2	2	2	2	2	2	2	2	2	0	0	0	2	0	2
B	0	0	0	0	0	0	0	0	0	0	0	0	0	0	2	2	2	0	2	0
C	1	1	1	1	1	1	1	1	1	1	1	1	1	1	1	1	1	1	1	1

测试结果

0～15分：很遗憾，你在生存技能方面存在很大的缺陷。基本上你在人群中显得很笨拙，很多事不能参与，这使你丧失了许多生活的乐趣，运动能力差，探索精神不强，使你越来越对自己不自信。要知道人的潜能是无限的，努力去做一件自己喜欢却不敢尝试的事，结果可能会使你大吃一惊。

16 ~ 25 分：你有一定的生存技能。具备基本的身体素质和冒险精神，并且有能力使自己的生活过得不错，虽然在人群中不那么显眼，但如果想做得更出色也不是很困难。

25 ~ 40 分：你的生存技能相当出色。无论在运动能力和生活技能方面你都显得卓尔不群，由于具有探索精神，你会拥有别人体会不到的生活乐趣，相信你无论在工作中还是生活中都是一个多面手，办事效率高，看问题也更透彻。

心理视点

一些看似不起眼的技能，其实对健康有着很大的影响，掌握一些生活中的基本技能，可以提高生活的质量，增添一些生活中的乐趣。更为重要的是，通过这些日常生活中的小事情，可以增强自己的信心，加强自己的成就感，从而使自己更加自信，更加充实，使心理上得到极大的放松。同时，掌握一定的生活技能，在做的过程中，可以培养自己良好的做事习惯，可以培养自己有序做事的方式，提高办事效率。而且对自己的人际关系也有很大的促进作用，可以帮助自己拥有良好的人际关系，这些对自己的健康都是非常有帮助的。

你有很强的应变能力吗

测试导语

生活中的突发事件实在太多了，往往让人措手不及，这需要我们具备良好的应变能力。当然，若是应变太快，就成了"见风使舵"了。不知道你是不是能面对紧急状态也从容不迫、游刃有余呢？

来试试下面这个测试吧。

测试开始

1. 乘公共汽车时，车上人很挤，一个小偷在你的口袋里行窃，这时你会：
A. 不大可能察觉到，等到用钱时才发现被窃，至于时间、地点已没印象
B. 立即察觉，并将小偷抓住
C. 当时没察觉，事后才回忆起被窃时的部分情景

2.你骑车急驶到拐弯的地方,突然看到前面有一个小伙子也急驶而来。这时你会：

A.急忙提醒对方，并尽快刹车

B.还没搞清怎么回事就撞上去了

C.迅速调整方向，避开对方

3.平时你身体挺好，但是在体检时医生告诉你身上某个部位需要动手术，听到这个消息后，你会：

A.终日提心吊胆，惶恐不安，担心手术会出问题

B.相信医生，相信手术不会出错

C.听天由命

4.你在一条僻静的街道上散步，忽然听到一声震耳欲聋的巨响，这时你：

A.被吓了一跳，但是很快转向巨响的位置，判断出发生巨响的原因

B.被吓得尖叫一声，本能地转向巨响传来的方位，即使判断出了巨响的原因，心里还在怦怦乱跳

C.被吓得边叫边跳，不由自主地东张西望，心里怦怦乱跳，两脚发软

5.你在工厂里忙着工作，突然发现一位同事触电了，这时你会：

A.两眼发呆，两脚发软

B.立即切断电源

C.慌了手脚，不知如何是好

6.你在电影和电视中看到日本侵略军砍杀中国老百姓的情景时，你会：

A.有点儿震惊，但并不害怕

B.感到害怕，赶快把目光转开

C.很注意，想仔细看个究竟

7.假日里家人叫你杀一只活蹦乱跳的鸡，你敢把鸡杀死吗?

A.敢

B.不一定

C.不敢

8.你到朋友家去串门，发现朋友家发生了一件不幸的事。他们全家都沉浸在悲痛之中，这时你会：

A.尽快向邻居或朋友本人简单了解一下事情发生的大概情况，安慰并帮助朋友

B. 说几句安慰的话，不知怎么办才好

C. 什么都说不出来，也不知怎么办，或和朋友一起悲痛

9. 你正在聚精会神地考虑一件意外事情的对策时，突然有人来告诉你一件与手头上这件事毫无关系的事情，这时你会：

A. 只记住其中的一部分

B. 顾不得听他讲，没印象

C. 记得清清楚楚

10. 你下班回家途中，看见马路对面发生了一起车祸。这时你会：

A. 很快穿过马路，看是否能帮上忙

B. 有点儿害怕，但还是走过去看个究竟

C. 看到这场面心惊肉跳，甚至不敢多看一眼，马上离开了

评分标准

题号 选项 得分	1	2	3	4	5	6	7	8	9	10
A	5	3	5	1	5	3	1	1	3	1
B	1	5	1	3	1	5	3	3	5	3
C	3	1	3	5	3	1	5	5	1	5

测试结果

10～18分：应变能力强。你有胆识，果断、灵活，处理意外事件的能力很强。

19～38分：有一定的应变能力。你对一般的事故有一定的应急能力，但是对于较大或特别的事故的处理就未必能让人称道了。

39～50分：应变能力急需提高。今后处事时你一定要学会冷静。在冷静的前提下才能解决一系列问题，从而做到避免更大的损失。

心理视点

我们每个人的应变能力可能不尽相同，造成这种差异的主要原因，一方面可能有先天的因素，如多血质的人比黏液质的人应变能力高些。也可能有后天的因素，如长期从事紧张工作的人比工作安逸的人应变能力高些。因此应变能力也是可以通过某种方法加以培养的。

对于应变能力高的人，要正确地选择职业，将自己的能力服务于社会；而对于应变能力低的人，在注意选择适合自己职业的同时，还要努力进行应

变能力的培养。

我们可以从以下几点入手：

（1）多参加富有挑战性的活动。在实践活动中，我们必然会遇到各种各样的问题和实际的困难，努力去解决问题和克服困难的过程，就是增强人的应变能力的过程。

（2）扩大个人的交往范围。无论家庭、学校还是小团体，都是社会的一个缩影，在这些相对较小的范围内，我们可能会遇到各种需要应变能力才能解决的问题。只有提高自己在较小范围内的应变能力，才能推而广之，应付更为复杂的社会问题。实际上，扩大自己的交往范围，也是一个不断实践的过程。

（3）加强自身的修养。应变能力高的人往往能够在复杂的环境中沉着应战，而不是莽撞行事。在工作、学习和日常生活中，遇事要沉着冷静，学会自我检查、自我监督、自我鼓励，这有助于培养良好的应变能力。

（4）注意改变不良的习惯。假如我们遇事总是迟疑不决、优柔寡断，就要主动地锻炼自己分析问题的能力，迅速做出决定。假如我们总是因循守旧，半途而废，那就要从小事做起，努力控制自己，不达目标不罢休。只要下决心锻炼，我们的应变能力是会不断增强的。

你处世够精明吗

测试导语

面对复杂世事，你能合理合情地处理问题吗？你能找到最经济、最佳的解决方案吗？通过下面的测试，你就可以了解自己的精明度，请选择适合你的答案。

测试开始

1.最近因为很少运动，你开始有点发胖。但又因为工作非常忙，你根本没有去运动场的时间。你会怎么办呢？

A.决定不使用电梯或者自动扶梯，而是爬楼梯

B.暂且买个哑铃之类的运动器材回来锻炼

C.只要是能够步行去的路程，就不会使用交通工具

D.计算食物的热量，减少进食量

2. 小时候，你会怎么处理第二天要穿的衣服？

A. 将睡衣换成第二天要穿的衣服，穿着睡觉

B. 头一天决定好穿什么衣服，准备好放在枕头边，然后睡觉

C. 早上起来后再考虑决定穿什么衣服

D. 头一天决定好穿什么衣服，第二天早上起来之后再准备

3. 下列 4 句话，你最能产生共鸣的是哪一个？

A. 知难行易，事情并不都像想象的那么难

B. 把握当下，明天再说明天的话

C. 未雨绸缪，有备无患

D. 好的开始是成功的一半

4. 你决定跟朋友一起去旅行。在决定了去哪个地方旅游之后，接下来你会做什么呢？

A. 列一个要带回来的土特产清单

B. 做出旅行预算

C. 决定日程安排

D. 购买旅行用品

5. 没有提前通知，突然给你增加了工作量，你会如何处理这件事情呢？

A. 不管怎样，一件一件事情开始着手干

B. 先从看起来很简单的事情开始处理

C. 将几项工作任务拜托给其他人帮忙处理

D. 暂时放下手头的工作，先去制定一个工作进度计划表，然后再开始工作

6. 在下面几个选项中，你最讨厌的是哪一种类型的人呢？

A. 不通情理的人

B. 非常精明的人

C. 喜欢捏造事实的人

D. 反应迟钝的人

评分标准

选项\得分 \ 题号	1	2	3	4	5	6
A	1	3	1	1	1	4
B	2	4	2	4	2	1
C	3	1	3	3	3	2
D	4	2	4	2	4	3

测试结果

7分以下：做事随意，不善谋划，距离精明还很远。

做事缺乏计划性的你，还称不上精明。是不是不管做什么事都相当费时间呢？这大概是因为你什么都不考虑就开始进行工作的缘故吧。所谓的精明，来源于事前周密的考虑。为了让事情顺利推进，首先订立一个详细的计划表是很重要的。这样即使一开始落后，最终依然能够按照原定计划完成所有的任务。尝试在开始工作之前，按捺住急躁的性子，不慌不忙地制订好计划，再将其付诸实施。

8～14分：偏离常规，你有些自以为是的小聪明。

你很聪明，分析问题也头头是道。但你不愿墨守成规的性格，让你常常自以为是地耍些小聪明。实际上，你的精明有时的确能够减少做无用功的情况。但值得注意的是，有些工作是必须按照既定程序处理的。这些已有的流程，通常都是前人宝贵经验的总结，总有它的合理性。你要在吸取他人经验的基础上，发挥自己精明的特点。

15～20分：精打细算，你的精明写在脸上。

你善于精打细算，是那种讨厌浪费、反对做无用功的人。但有时，你的精明也会稍稍给人一种过于算计、很小气的感觉。尽量避免过于计较自己的得失，在小事上不要过分计较。

另外，平常脑子转得很快、一向机灵聪明的你，一旦陷入被动的窘境，脑子似乎就不会转了，考虑问题也变得迟钝。在这个时候要注意冷静，找到合理的工作程序。

21分以上：你精明能干，又不失圆融通达。

你处事灵活，脑子转得快，是个非常精明的人。通常说一个人很精明的时候，就容易被人联想到"会算计"、"很小气"。但你似乎很少被人这样认为。这是因为你处事很会变通，不会机械地考虑问题，能够顾及周围人的想法。你充分了解团队合作精神的重要性，即使认识到某种安排的合理性，你也会先征求其他人的意见，让你的精明打算得到大家的一致认可。像这样建立在与众人步调一致基础上的精明，是非常可贵的。

心理视点

一般来说，精明度可细分为4种：

（1）大事小事都精明。

（2）大事精明，小事糊涂。

（3）小事精明，大事糊涂。

（4）大事小事都糊涂。

精明是人的优点，但是过分精明则是人的缺点，因为他将精明推到了一个极端。一般来说以下这样精明是受人欢迎的。

聪明能干、做事干练、办事有效率，但又不损害他人利益的精明，受人欢迎。

处理关系圆滑，能看得到"关键"之所在，在困难的时候能调动一切积极因素，从而化险为夷，安然渡过难关。这种人的精明，也肯定受人欢迎。

从不用自己的语言向他人显示自己的睿智，也从不掩饰自己的缺点，他们总是用自己的行为来表达其积极进取的精神，用丰硕的成果来显示他们的智慧，这种人的精明，会受到欢迎。

你有坚强的意志力吗

测试导语

任何一项职业，都会遇到工作上的困难。意志力强的人会想方设法克服困难，把工作做好，而意志力弱的人则可能浅尝辄止。意志力也是聘用和选拔人才的重要考虑因素之一，本测试可为这一行为提供依据。

下面A、B卷共26道测试题，请根据你的情况作答。

A.完全符合你的情况

B.比较符合你的情况

C.一时难以确定是否符合你的情况

D.不大符合你的情况

E.完全不符合你的情况

✎ **测试开始**

A卷

1. 你喜爱体育运动，因为这些运动能够增强你的体质和毅力。

2. 你总是很早起床，从不睡懒觉。

3. 你信奉"不干则已，要干就要干好"的格言。

4. 你很投入地做一件事，是因为其重要、应该做，而不是因为兴趣。

5. 当工作和娱乐发生冲突的时候，你会放弃娱乐，虽然它很有吸引力。

6. 你下定决心要坚持做下去的事，不论遇到什么困难，你都能持之以恒。

7. 你能长时间做一件非常重要但却无比枯燥的工作。

8. 一旦决定行动，你一定说干就干，绝不拖延。

9. 你不喜欢盲从别人的意见和说法，而善于分析、鉴别。

10. 凡事你都喜欢自己拿主意，别人的建议只作参考。

11. 你不怕做没做过的事情，不怕独自负责，你认为那是锻炼机会。

12. 你和同事、朋友、家人相处，从不无缘无故发脾气。

13. 你一直希望做一个坚强的、有毅力的人。

B卷

1. 你给自己制定了计划，但常常因为主观原因不能完成计划。

2. 你的作息时间没什么规律，完全靠一时的兴趣与情绪决定，且常常变化。

3. 你认为做事不能太累，做得成就做，做不成就算了。

4. 有时你临睡前发誓第二天要干一件重要事情，但第二天却又没兴趣干了。

5. 你常因为读一本妙趣横生的小说或看一个精彩的电视节目而忘记时间。

6. 如果你工作中遇到了什么困难，首先会想到请教别人。

7. 你的爱好广泛而善变，做事情常常心血来潮。

8. 你喜欢先做容易的事情，困难的能拖就拖，不能拖时则马虎应付了事。

9. 凡是你认为比你能干的人，你都不会太怀疑他们的看法。

10. 遇到复杂的情况，你常常拿不定主意。

11. 你生性胆小怕事，没有百分之百把握的事情，你从来不敢做。

12. 与人发生争执，有时明知自己不对，你却忍不住责怪甚至辱骂对方。

13. 你相信机会的作用大大超过个人的艰苦努力。

✎ **评分标准**

A卷试题中，A、B、C、D、E依次为5、4、3、2、1分。

B 卷试题中，A、B、C、D、E 依次为 1、2、3、4、5 分。

A、B 卷得分加起来为总得分。

测试结果

总得分 110 分以上：意志力十分坚强。

总得分 91 ~ 109 分：意志力较坚强。

总得分 71 ~ 90 分：意志力一般。

总得分 51 ~ 70 分：意志力比较薄弱。

总得分 51 分以下：意志力十分薄弱。

心理视点

对于每一个要克服的障碍，都离不开意志力；面对所执行的每一个艰难的决定，我们所依靠的是内心的力量。事实上，意志力并非生来就有或者不可能改变的，它是一种能够培养和发展的能力。下面几条有助于增强你的意志力，不妨一试。

（1）要有明确的目标。目标必须明确而适当，越明确、越具体，越能有的放矢，始终如一，坚持到底。

（2）要有切实的计划。目标一经确定，就必须拟定切实可行的行动计划。这里包括行动的步骤、方法和手段的选择。在制订计划时要正确分析实现计划的主客观条件，采取各种手段的有效性和合理性。只有理智地分析各种因素，权衡利弊，才能确定既能达到目的又适合个人实际条件的可行性计划。

（3）下定决心。心中暗下决心，相信自己一定能成功，并时时鼓励自己，给自己加油。

（4）积极主动。主动的意志力能让你克服惰性，把注意力集中起来。积极投身于实现自己目标的具体实践中，你就能坚持到底。

（5）要有迎难而上的精神。要克服来自主客观因素的种种困难，就需要有迎难而上、坚忍不拔的精神，否则，就不能到达胜利的彼岸。

（6）要坚持不懈。在执行决定的过程中，常有与既定目的不符合的、具有诱惑力事物的吸引，这时候就要学会控制自己的情绪，排除主客观因素的干扰，使自己的行动按照预定方向和轨道坚持到底。

你的危机意识有多强

测试导语

未来是不可预测的，而人也不是天天能走好运的。正是因为这样，我们才会有危机意识，在心理上及实际行为上有所准备，好应付突如其来的变化。那么你有危机意识吗？下面的测试可以帮助你了解自己。

测试开始

一头乳牛正从牛舍里出来吃草，请你凭直觉判断，它将走至下面哪一处觅食？

A. 山脚下

B. 大树下

C. 河流旁

D. 栅栏农舍旁

测试结果

选A：你的危机意识很强，甚至有点杞人忧天。也许很容易的事，被你天天惦念着，久而久之也变成困难了。放开心胸，天塌下来还有高个子顶着！

选B：你是属于高唱"快乐得不得了"的人，一天到晚无忧无虑，你认为"船到桥头自然直"，没啥好怕的。唉，如此乐天知命，天底下恐怕像你这么乐观的人已经不多了。

选C：你有点"秀逗"！成天迷迷糊糊的，记性又不好，总是要人家提醒你才会有危机意识，但是一会儿之后，又完全不记得危机意识是什么东西了！

选D：你的确挺有危机意识的，连跟你在一块儿的人也被你强迫拥有"危机意识"，不过你所担心的事的确有点担心的价值！也就是说，你不是没事瞎紧张，反而常常未雨绸缪！

心理视点

先估计好自己将会遇到的危机，找到解决它的办法，当你真的遇到危机的时候，困难就会大大降低。那么应该如何把危机意识落实到日常生活中去呢？第一，应落实在心理上，也就是心理要随时有接受、应付突发状况的准备。这是心理建设，有了心理准备，到时就不会慌了手脚。第二，就是在生活、工作和人际方面要有以下认识和准备：人有旦夕祸福，如果有意外的变化，自己的日子怎么过，要如何解决困难。世界上没有绝对的事，未雨绸缪是非常重要的。

你与社会的共鸣能力如何

测试导语

这个测验是看你是否具有正确理解、判断他人的感觉和想法的能力。答对的越多，就表示你在社会生活中是个有正确判断力的高手。

测试开始

1. 一群志愿者参加社会心理学家进行的有关电疗效果的实验。实验开始前，他们之中有人感到十分不安，有人比较镇定。实验开始前10分钟，那些坐立难安的人会采取什么行动？

A. 希望在实验开始之前到隔壁房间等候

B. 希望和同样感到不安的人一起等候

C. 希望和镇定的人一起等候

D. 既不想自己一个人独处，也不想和别人在一起

2. 美国某个研究团体正在进行一项研究，想知道团体工作时，其中的外来分子对民主化的工作方式和权力主导型的工作方式，哪一种反弹较大。

A. 对权力主导型的反弹较大

B. 对民主化的反弹较大

3. 美国的社会科学工作者研究选举活动期间有选举权者的行动，他们想知道，有选举权者把注意力放在执政党的宣传上还是其他党的宣传上。有选举权者的行动会怎样？

A. 注意所有政党的宣传

B. 主要注意他党的宣传

C. 特别注意自己支持的政党的宣传

4. 第一次碰面就非常讨厌这个人，如果再碰到他会如何？

A. 让关系改善

B. 本质不变

C. 更讨厌他

5. 社会心理学者想知道使人受影响的最有效方法，因此召集一群人举办了一场让人印象深刻的演讲，说明为了提升工作效率，速读的重要性。一方面又聚集另一群人，和他们讨论有效率的速读将带来什么效果。然后社会科学工作者比较结果，看看哪一种方法适合推广速读。
A. 参加演讲的人愿意出席速读讲习会，但参加讨论的人较少
B. 讨论的方式较好，这群人愿意参加速读讲习会
C. 看不出有何差别。不论是演讲或讨论，都有一定的人数参加速读讲习会

6. 美国某个研究团体，和大学教授、一般民众、罪犯谈话并介绍他们，然后将这完全相同内容的录音带放给不同人听。给听众最大影响的是谁？
A. 大学教授
B. 一般民众
C. 罪犯

7. 某个美国社会心理学家观察一个团体里的成员。团体评价最低的人在打自己擅长的保龄球时，成绩往往超过评价较高的人。这时候团体中成员的反应为何？
A. 评价低的人很高兴自己受到肯定，能够提高在团体中的地位
B. 评价低者的成功受到批判性的排斥。"反叛者"（评价低者）必须降低保龄球的分数，回到原有工作排名（仍是最后），接受嘲弄、讽刺的折磨

8. 美国某社会科学工作者想知道心情对观众有多大的影响。他要求被实验者画出正在挖沼泽的年轻人的情景，同时使用催眠术，让被实验者心情不安或感到幸福。在这两种心情的影响下，他们会画出什么样的图呢？
A. 幸福的心情：幸福的画面。令人联想到夏天，那就是人生；在户外工作；真实的生活——种树，看着树长大。不安的心情：他们会不会受伤？应该有个知道如何应付灾难场合的老人和他们在一起才对
B. 心情不会影响作画，能够很客观地描绘

9. 某社会科学工作者想知道熟悉与未知之间，何者更能让人感兴趣，因此，让买新车的人和长年开同型车的人大略翻一下杂志。谁会仔细看和自己的车同型的汽车广告？
A. 买新车的人之中，看自己新买汽车的广告比看其他厂牌的汽车广告多28%；

本来就是有车的人，看现有汽车广告比看其他厂牌的汽车广告只多 4%

B. 本来就有车的人，看自己现有汽车的广告比看其他厂牌的汽车广告多 28%；买新车的人，看自己新买汽车比看其他厂牌的汽车广告多 4%

C. 不论是买新车或早就有车的人，看其他厂牌的汽车广告比看自己拥有汽车的广告多 11%

10. 英国的心理学家以"为什么青少年不能开车"为题，对青少年展开 10 分钟的演讲，但在演讲前先将青少年分成两组，一组知道题目，另一组什么都不知道。哪一组比较会受到演讲内容的影响？
A. 演讲前知道内容的那一组
B. 什么都不知道的那一组
C. 两组都受到强烈影响

11. 英国社会心理学家让一群人看人的脸部画像。有几张让他们看 20 次以上，其他的只让他们看两次。哪一边会获得善意的评价？
A. 比较少看到的脸
B. 观看次数较多的脸
C. 没有差别

12. 英国的心理学家对儿童进行下列实验。先在房间里布置几个好玩的玩具，再把儿童平均分成两组。一组让他直接进房间玩耍；另一组待在可以看到房间内布置的窗口一会儿之后才进房间。哪一组容易把玩具弄坏？
A. 两组都一样
B. 马上进房间的小孩破坏力较强
C. 在外面等候的孩子破坏力较强

13. 美国的心理学家，让愤怒和心平气和的被实验者看拳击比赛的电影和没有攻击镜头的温和性电影。看完之后，谁的反应最激烈？
A. 看拳击电影的愤怒者
B. 看温馨电影的愤怒者
C. 看拳击电影的平静者
D. 看温馨电影的平静者

14. 请被实验者尝尝某种液体是否有苦味。社会科学工作者已将带有味之物质用水稀释，有 70% 的人说苦，30% 的人说没有味道。然后把尝不出味的 9 个人，和感觉很苦的 1 个人聚集在一起，请尝出苦味的人说说那种苦的味道。结果，这 10 个人的感觉会有什么变化？

A. 感觉苦的人，他毫不动摇地肯定，影响了其他人。第二次试饮时，那 9 个人也觉得有点苦

B.9 个人并不受影响

C. 感觉有苦味的人受到其他 9 个人的影响，第二次试饮时也不觉得苦了

15. 处于不安状态和未处于不安状态的人，谁会对陌生人感到强烈不安？

A. 两者之间没有差别

B. 处于不安状态的人

C. 未处于不安状态的人

16. 英国的社会心理学者对看电影《007》和歌舞剧的观众，做攻击性倾向的调查。何者会表现出较强的攻击性？

A. 看《007》电影之前的观众

B. 看完《007》电影的观众

C. 看歌舞剧之前的观众

D. 看完歌舞剧的观众

E. 无法确认攻击性的差别

17. 美国的社会科学工作者要求初、高中生，大学生，社会人士（均接受同等教育）判断几项陈述是否正确。4 周后，再要求他们对相同陈述做判断，但这次却先告诉他们"你的评断和大多数人不同"，这个补充说明会带来什么影响？

A.64% 的初、高中生，55% 的大学生，40% 的社会人士更改他们的意见

B.64% 的社会人士，55% 的大学生，40% 的初、高中生更改他们的意见

C. 每一组都只有少数人更改意见

18. 社会科学家想知道在讨论会中，使集体意见一致的人是不发言的沉默者还是参加讨论者。谁较容易受团体意见的影响？

A. 沉默不发言者

B. 发表意见者

C. 没有差别

评分标准

正确答案是：

1.B 2.A 3.C 4.B 5.B 6.A 7.B 8.A 9.A 10.B 11.B 12.C 13.B 14.A 15.B 16.B 17.A 18.B。答对一道得 1 分，算算总共答对几题。由下表看看自己的社会共鸣能力如何（先找出属于自己的年龄栏）。

14 ~ 16 岁	17 ~ 21 岁	22 ~ 30 岁	31 岁以上	共鸣能力
11 ~ 18 分	14 ~ 18 分	17 ~ 18 分	15 ~ 18 分	非常强
10 分	12 ~ 13 分	15 ~ 16 分	13 ~ 14 分	强
8 ~ 9 分	10 ~ 11 分	11 ~ 14 分	9 ~ 12 分	普通（尚可）
6 ~ 7 分	6 ~ 9 分	9 ~ 10 分	7 ~ 8 分	普通（稍低）
0 ~ 5 分	0 ~ 5 分	0 ~ 8 分	0 ~ 6 分	很弱

测试结果

非常强：社会共鸣能力十分出色。能站在他人的立场想象当时的情况和当事人的反应。

强：有非常发达的共鸣能力，对社会状况的判断正确，也能察觉别人想采取的行动。

普通（尚可）：社会共鸣能力于平均水准。

普通（偏低）：不常为他人设身处地着想，很难正确预见他人的行动。

弱：很少能正确判断社会状况，判断别人将采取什么行动的能力稍差。有必要改善你的共鸣能力，多与人交往对你会有所帮助。

心理视点

对心理学家来说，社会共鸣能力是他人经验及设身处地感受他人感觉、心情、想法的能力。那么，共鸣能力有什么效用呢？它是连接本身经验知识和对方经验的类推理论，依此可理解人的心理状态与行动，所以通常由自己的经验出发。

共鸣能力与聪明无关，它只反映了一个人的情商。自私的人没有共鸣能力，他们不愿意费心考虑他人，也不想了解和自己不同的看法与情绪，常以攻击性的语言（如说人家是"白痴"）来表达轻视他人的想法。

第二章

你能成为社会交际专家吗

与人交往，你属于哪类人

测试导语

　　在与人交往中，你属于主动型，还是领袖型或是依从型？要了解自己在人际交往中的类型，请做下面的心理测试。

测试开始

请对下列问题做出"是"或"否"的选择：

1. 碰到熟人时我会主动打招呼。
2. 我常主动写信给友人表达思念。
3. 旅行时我常与不相识的人闲谈。
4. 有朋友来访我从内心里感到高兴。
5. 没有引见时我很少主动与陌生人谈话。
6. 我喜欢在群体中发表自己的见解。
7. 我同情弱者。
8. 我喜欢给别人出主意。
9. 我做事总喜欢有人陪。
10. 我很容易被朋友说服。
11. 我总是很注意自己的仪表。
12. 如果约会迟到我会长时间感到不安。

13. 我很少与异性交往。

14. 我到朋友家做客时从不会感到不自在。

15. 与朋友一起乘坐公共汽车时我不在乎谁买票。

16. 我给朋友写信时常诉说自己最近的烦恼。

17. 我常能交上新的知心朋友。

18. 我喜欢与有独特之处的人交往。

19. 我觉得随便暴露自己的内心世界是很危险的事。

20. 我对发表意见很慎重。

评分标准

第 1、2、3、4、6、7、8、9、10、11、12、13、16、17、18 题答"是"记 1 分,答"否"不记分,第 5、14、15、19、20 题答"否"记 1 分,答"是"不记分。

测试结果

1～5 题:分数说明交往的主动性水平,得分高说明交往偏于主动型,得分低则偏于被动型。主动型的人在人际交往中总是采取积极主动的方式,适合需要顺利处理人与人之间复杂关系的职业,如教师、推销员等。被动型的人在社交中则总采取消极、被动的退缩方式,适合不太需要与人打交道的职业,如机械师、电工等。

6～10 题:得分表示交往的支配性水平,得分高表明交往偏向于领袖型,得分低则偏于依从型。领袖型的人有强烈的支配和命令别人的欲望,在职业上倾向于管理人员、工程师、作家等。依从型的人则比较谦卑、温顺,惯于服从,不喜欢支配和控制别人,他们愿意从事那些需要按照既定要求工作的、较简单而又比较刻板的职业,如办公室文员等。

11～15 题:得分表示交往的规范性程度,高分意味着交往讲究严谨,得分低则交往较为随便。严谨型的人有很强的责任心,做事细心周到,适合的职业有警察、业务主管、社团领袖等;而随便型的人则适合艺术家、社会工作者、社会科学家、作家、记者等职业。

16～20 题:得分说明交往的开放性,得分高偏于开放型,得分低则意味着倾向于封闭型,如果得分处于中等水平,则表明交往倾向不明显,属于中间综合型。开放型的人易于与他人相处,容易适应环境,适合会计、机械师、空中小姐、服务员等职业;封闭型的人适合的职业有编辑、艺术家、科学研究工作等。

心理视点

　　能否搞好人际关系与自身的性格有很大的关系，一般主动型、开放型的性格能更好地处理人际关系，所以为了能在人际关系中如鱼得水，请主动些、积极些、开放些、宽容些。

你的公关能力如何

测试导语

　　公关能力表现为一个人在社交场合的介入能力、适应能力、控制能力以及协调性等。良好的公关能力是现代社会生活中人的重要素质之一。

　　下面设计了各种环境中的对话，你会选择哪种回答？每种回答都标有不同的分值，做完后将总分值与结果对照，可以预知你的公关能力。

测试开始

1. 在宾馆，顾客说："瞧！你把我的新衣服洒上了水，怎么办！"你作为服务员回答：
A. "谁叫你走路不长眼睛。讨厌！"
B. "对不起，请用毛巾擦一下吧！"
C. "真糟糕！怎么办好呢？"

2. 在学校，当你和同学们一起议论另一个同学时，其中一位同学说："他又碰钉子了。"你接着说：
A. "那家伙差劲！真差劲！"
B. "是真的吗？"
C. "真可怜！"

3. 在家中，妈妈说："成绩还是这样差，是怎么回事！"你答：
A. "是妈妈的孩子呗，没办法！"
B. "对不起，我已努力了。"
C. "下次会让你高兴的。"

4. 在公共汽车站牌前，因人多而没有挤上去，你的朋友说："等一会儿再上吧！"

你回答：

A. "老是这样会一直乘不上车的！"

B. "是的，等下一班吧。"

C. "高峰期总是这样，真讨厌！"

5. 在饭店酒桌上，顾客说："这杯子没有洗净，上面还有手印呢！"如果你是服务员，作何回答？

A. "洗净了，用不着担心。"

B. "真抱歉！"

C. "对不起！我来换一个。"

6. 在公共汽车上，由于人多互相拥挤，有人对你说："不要挤！"对此，你作何反应？

A. "人多，没办法！请你向前靠些好了！"

B. "对不起！"

C. "真是的，我也不想挤！"

7. 与恋人约会时，恋人因来晚了而对你说："哟，我来迟了。"你作何回答？

A. "真不礼貌！稀里糊涂的。"

B. "不必介意！不必介意！"

C. "没关系。你是我喜爱的人嘛！"

评分标准

选项 \ 题号 得分	1	2	3	4	5	6	7
A	1	1	1	3	1	1	1
B	3	3	2	2	2	3	2
C	2	2	3	1	3	2	3

测试结果

0～3分：公关能力很不理想。在公共场合，常常带有强烈的攻击性，碰到不顺心的事就立即发怒。极少具有公关意识，不适合群体性工作。

4～12分：具有很强的公关意识和公关能力，具有很强的社交能力和协调能力。遇事能够仔细考虑他人情绪和周围环境。即使遇到讨厌的事情，如有必要，也能够控制住自己的感情去适应环境。具有承担责任的勇气，需要注意的是：不要过于冷静，以致淡漠处世，丧失个性，失去发展自我的机会。

13～21分：社交能力较差，并对自己的好恶不太外露。但在行动上给人以唯我独尊的印象，不太考虑别人的情绪，不善于理解别人的行动。因此，你要注意把自己放在大环境中去，并且适应环境。

🔒 心理视点

公关能力提高秘诀：

（1）充满自信是公关的第一步。

（2）勿谈对方的缺点。

（3）学会称赞。

（4）无声的语言——微笑必不可少。

（5）不要以自我为中心，多考虑他人。

（6）尽量选择无关紧要的话题，忌讳讲话不讲究场合和方式，说话要负责任、考虑后果。

你的交际弱点在哪

💬 测试导语

每个人的性格、爱好都是不尽相同的，这就决定了每个人的处世方式中总有别人不习惯或者无法忍受的一面，而个人又是很难对自己的这一面有所察觉，那就让这个测试题来帮你分析吧。

✏️ 测试开始

你在学校度过的时间里，特别是心理上极度叛逆的时期，你觉得老师身上最不能让你忍受的是什么？

A.情绪不稳定，容易"歇斯底里"，对学生实行精神压迫

B.专制，不听取学生的意见

C.不公平，偏袒所谓的好学生

D.对学生使用暴力

🪪 测试结果

选A：这个选择其实就是自我缺陷的自然暴露。你一有什么不如意的事

就会"歇斯底里",不是四处大声叫嚷,就是突然大声哭泣……你这种自我表现的方式也许太过幼稚,而且很容易引起别人的情绪疲劳。为了使人际关系更加融洽,你必须对周围的人多一份爱心,同时要注意克制自己的情绪。

选B:你具有站在队列前缘将周围人猛推向前的统帅能力,在集体中往往起到决定性的作用。但是你需要有多吸取一些周围人意见的谦虚态度,否则,最终有可能谁也不会再顺从你。你的缺点就是很少听取他人的意见和建议。

选C:你可能有一些心理恐慌症的表现。你的交际范围容易往纵向深入,而很难向横向扩展,你往往把自己讨厌的人彻底排除在外,似乎只愿意与某一些特定的人建立良好的关系,所以,你属于不善扩大交际圈的一类人。你甚至会要求与你关系亲近的友人"不要与不喜欢的人交往"。你要懂得博爱的内涵。

选D:你这样的处世方式是很危险的。你的缺点是动辄变得粗暴无礼。你的问题不仅表现在行为上,还有语言暴力。假如是因为对方态度恶劣导致你正当防御还情有可原,而你往往却是稍不如意就出口或出手伤人。你一定要注意控制自己的情绪,否则你会很容易和不了解你的人产生激烈的矛盾。

心理视点

处理人际关系有5种障碍:

(1)交往恐惧症。一人对多人的恐惧。与人交往时,个人针对某个人说话、动作、表情和态度就比较自然,可以直接得到对方的反应和认同。如果是同时针对几个人或更多的人就不免有些拘束和紧张。对陌生人感到恐惧,因为不知道对方是敌是友,是尊是卑,所以为了自我保护而产生恐惧感。

(2)交往多疑症。总是猜测对方会怎样看自己,怕因此影响彼此之间的关系,给自己心理造成负担。认为周围的人尔虞我诈,不择手段,品行低劣但又装模作样过分正经,敏感猜疑,缺乏真诚和起码的理解和信任。

(3)交往自大症。总是希望别人有求于自己,而自己不求别人。认为周围的人胸无大志,婆婆妈妈,层次太低。通常是相对成功的人士。突出的缺点就是不会倾听。

(4)交往自卑症。总是以为自己低人一等,怕别人指责自己,看不起自己,最后是封闭自己、隔绝自己。这一类人通常会用虚假的自尊掩盖自己的真实自卑。

(5)交往小气症。只想收获,不想付出;只想得到、索取,不想给予。

你的人缘怎么样

测试导语

"人缘"即是指同领导、群众、同事、朋友的关系，那么你的人缘怎样呢？请你根据自己的实际情况，对下面 15 个问题如实回答，然后对照后面的分数统计表计算分数，再看分数评语，你就会知道自己是否善于交朋友，以及人缘如何。

测试开始

1. 当你有问题的时候，你是不是：
A. 通常感到自己完全能够应付这个问题
B. 向你所能依靠的朋友请求帮助
C. 只有问题十分严重时，才找朋友

2. 下面哪一种情况对你最为合适，或者接近你的实际情况？
A. 我通常让朋友们高兴地大笑
B. 我经常让朋友们认真地思考
C. 只要有我在场，朋友们就会感到很舒服、愉快

3. 假如朋友对你恶作剧，你会：
A. 跟他们一起大笑
B. 感到气恼，但不溢于言表
C. 可能大笑，也可能发火，这取决于你的情绪

4. 当你休假的时候，你会：
A. 很容易交上朋友
B. 比较喜欢自己一个人消磨时间
C. 想交朋友，但发现这不是一件很容易的事

5. 假如让你参加一次活动，或者在聚会上唱歌，你会：
A. 找借口不去
B. 饶有兴趣地参加
C. 当场就直接地谢绝邀请

6. 在下面的 3 种品质中，哪一种你认为是你的朋友应该具备的？

A. 使你感到快乐和幸福的能力

B. 为人可靠、值得信赖

C. 对你感兴趣

7. 你和朋友们在一起时过得很愉快，是因为：

A. 你发现他们很有趣，既爱玩又会玩

B. 朋友们都很喜欢你

C. 你认为你不得不这样做

8. 你和朋友的关系一般能维持多长时间？

A. 一般情况下有不少年

B. 有共同感兴趣的东西时，也可能一起待几年

C. 一般时间都不长，有时是因为迁居别处

9. 你发现：

A. 你只是同那些能够与你分担忧愁和欢乐的朋友们相处得很好

B. 一般来说，你几乎和所有人都能相处得比较融洽

C. 有时候你甚至和对你漠不关心、不负责任的人都能相处下去

10. 当你的朋友有困难时，你发现：

A. 他们马上来找你帮助

B. 只有那些和你关系密切的朋友才来找你

C. 通常朋友们都不会麻烦你

11. 当你安排好见一个朋友，但你又感到很疲倦，却不能让朋友知道你的这种状况时，你会：

A. 希望他会谅解你，尽管你没有到朋友那儿去

B. 还是尽力去赴约，并试图让自己过得愉快

C. 到朋友那儿去了，并且问他如果你想早回家，他是否会介意

12. 假如朋友想依赖你，你有什么想法？

A. 在某种程度上不在乎，但还是希望能和朋友保持距离，有一定的独立性

B. 很不错，我喜欢让别人依赖，认为我是一个可靠的人

C. 我对此持谨慎的态度，比较倾向于避开可能要我承担的某些责任

13. 你要交朋友时，是：

A. 通过你已经熟识的人

B. 在各种场合都可以

C. 仅仅是在一段较长时间的观察、考虑，甚至可能经历了某种困难之后才交朋友的

14. 对你来说，下面哪个是真实的？

A. 我喜欢称赞和夸奖我的朋友

B. 我认为诚实是最重要的，所以我常常不得不持有与众不同的看法，我讨厌鹦鹉学舌

C. 我不奉承但也不批评我的朋友

15. 一位朋友向你吐露了一个非常有趣的个人问题，你的想法是：

A. 尽自己最大努力不让别人知道它

B. 根本没有想过把它传给别人听

C. 当朋友刚离开，你就马上找别人来讨论这个问题

评分标准

题号 选项 得分	1	2	3	4	5	6	7	8	9	10	11	12	13	14	15
A	1	2	3	3	2	3	3	3	3	1	2	2	3	2
B	2	1	1	2	3	2	2	2	1	2	3	3	3	1	3
C	3	3	2	1	1	1	1	1	2	1	2	1	2	1	1

测试结果

36～45分：你对周围的朋友都很好，你们相处得不错。而且，你能够从平凡的生活中得到很多乐趣。你的生活是比较丰富多彩而且充实的，你很可能在朋友中有一定的威信，他们很信任你。总之，你擅长结交朋友，你的人缘很好。

26～35分：你的人缘不怎么好，你和朋友们的关系不牢固，时好时坏，经常处于一种起伏波动的状态。这就表明，一方面你确实想让别人喜欢你，想多交一些朋友，尽管你做出很大努力，但是别人并不一定喜欢你，朋友跟你在一起可能不会感到轻松愉快。你只有认真坚持自己的言行，虚心听取那些逆耳忠言，真诚对待朋友，学会正确地待人接物，你的处境才会改变。

15～25分：太糟糕了！你很可能是一个孤僻的人，不活跃、不开朗、喜

欢独来独往。但是，这一切并不意味着你不会交朋友，更不能武断地说你人缘差。其主要原因在于你对于社交活动、对人和人之间的关系不感兴趣。但是，请你记住，一个人生活在社会中，就不可能不和人交往，认识到这一点，你就会积极地改善自己的交友方式了。

🔒 心理视点

如何才能拥有一份好人缘呢？俗话说得好，牵牛要牵牛鼻子。这人缘的事，只要贴近了人的心，就八九不离十了。也许有人会说，人心隔肚皮，哪能说贴就贴？看过了太多人世间的尔虞我诈、相互利用，很多人早已忽视了"真诚"二字。其实，这简单的二字，便是让人心贴心的强力胶。所谓真，便是真真切切做人，真心实意对人，真情真意留人。而所谓诚，便是诚实守信，诚恳真挚。真诚的人，人前人后一个样，少了掩饰多了自在；真诚的人，心存宽厚，面露和色，少了烦恼多了欢乐；真诚的人，话语中肯，将心比心，少了虚伪多了温情。本着你的真心，借着你的诚意，必能迎来人生完美的人缘。

你善于编织社会关系网吗

💬 测试导语

你想回顾过去在人际关系方面的得失吗？你了解自己编成的关系网对你是有利还是有害吗？下面的题会帮你测试一下。

请选择最适合自己情况的答案。

✏️ 测试开始

1.与朋友们相处，你通常的情形是：
A.倾向于赞扬他们的优点
B.以诚为原则，有错我就指出来
C.我的信条是不胡乱吹捧，也不苛刻指责

2.结交一位朋友你通常是：
A.由熟人、朋友的介绍开始
B.通过各种场合的接触
C.经过时间、困难的考验而交定

3. 对人来说，结交人的主要目的是：
A. 使自己愉快
B. 希望被人喜欢
C. 想让他们帮我解决问题

4. 你的朋友，首先应具备哪种品质？
A. 能使人快乐轻松
B. 诚实可靠、值得信赖
C. 对我有兴趣、关注我

5. 你与朋友的友谊能保持多久？
A. 大多是日久天长式
B. 有长有短，志趣相投者通常较长久
C. 弃旧交新是常有的事

6. 走入一个陌生的环境，对那些陌生人，你：
A. 常能很快记住他们的名字与某些特点
B. 想记住他们的信息，但失败时居多
C. 不去注意他们

7. 你出门旅行时：
A. 通常很容易就交到朋友
B. 喜欢一个人消磨时间
C. 希望结交朋友，但难以做到

评分标准

选项\得分 \ 题号	1	2	3	4	5	6	7
A	1	5	1	1	1	1	1
B	5	1	3	3	3	3	3
C	3	3	5	5	5	5	5

测试结果

7～16分：结网能手。你凡事处理得当，合情合理，并且很艺术。无论你走到哪里，笑脸和友谊总是围绕着你，你很受朋友的欢迎，他们也愿意帮助你，别人都认为你是很有办法的人。

17～26分：水平中等。你会有不少相处得不错的朋友，但出于各种原因，真正与你肝胆相照的知己却不多，似乎总有层东西隔在你们之间。是处世欠妥还是缺乏诚意，你要自己寻找原因。

27～35分：结网技能较差。虽然你内心渴望友谊，但别人认为你性格孤僻。你常常使自己独立于众人之外，颇有拒人千里的意味，你过去的绝大多数行为都在向别人发出这种信号。当然这种印象可以改变，但需要你长久的顽强努力，也许要花费比建立这个印象更多的时间才能实现。切记，再强的人也有脆弱的时候，有需要他人帮助的时候。

心理视点

处理好人际关系的关键是要意识到他人的存在，理解他人的感受，既满足自己，又尊重别人。

下面有几个重要的人际关系原则：

（1）人际关系的真诚原则。

真诚是打开别人心灵的金钥匙，因为真诚的人使人产生安全感，减少自我防卫。越是好的人际关系越需要关系的双方暴露一部分自我，也就是把自己真实想法与人交流。当然，这样做也会冒一定的风险，但是完全把自我包装起来是无法获得别人的信任的。

（2）人际关系的主动原则。

主动对人友好，主动表达善意能够使人产生受重视的感觉。主动的人往往令人产生好感。

（3）人际关系的交互原则。

人们之间的善意和恶意都是相互的，一般情况下，真诚换来真诚，敌意招致敌意。因此，与人交往应以良好的动机出发。

（4）人际关系的平等原则。

任何好的人际关系都让人体验到自由自在、无拘无束的感觉。如果一方受到另一方的限制，或者一方需要看另一方的脸色行事，就无法建立起高质量的人际关系。

最后，还要指出，好的人际关系必须在人际关系的实践中去寻找，逃避交往而想得到别人的友谊只能是缘木求鱼，不可能达到理想的目的。受人欢迎有时胜过腰缠万金！

你能在 E 时代沟通自如吗

测试导语

随着互联网的普及，有很多人已经陷入虚幻的世界里不能自拔，或与不知是男是女的"情人"窃窃私语，或沉浸在网络游戏无尽的厮杀之中，久而久之，便会丧失现实世界中与人沟通的能力。当你不得不回到真正的现实中的时候，就会觉得现实中的交流让你茫然无措，不知怎么办才好。下面就来测试一下，你的沟通能力退化了吗？

测试开始

1. 你刚走进办公室，你的一位同事就悄悄地跟你说："老板找你。"你会怎样应对？
A. 认为他在搞恶作剧
B. 主动找老板询问是什么问题
C. 马上向他打听

2. 你所在部门只有一个提升机会，上司没有把这个机会给那个好像条件比你好的人，而是给了你。当上任的第一天，你如何对待那位曾经的竞争者？
A. 打听他的 QQ 号或者他经常进的聊天室，以不知情的方式和他聊天
B. 不会找那个人，就当什么也没发生
C. 请同事们吃饭，并向他表示你的诚意

3. 如果你是部门主管，发现你的下属经常早退，你会怎么办？
A. 定制度，早退罚款
B. 每天在下班前开个小例会，直到大家觉悟为止
C. 找那些爱早退的人长谈，找出原因

4. 当你看见自己的亲友或邻居为一些琐事而争吵时，你会怎么处理？
A. 问清原因后加以劝解
B. 在一旁观看，并防止意外发生
C. 不闻不问，让他们吵

5. 你的异性好友的追求对象邀请你一起吃饭。第二天，你的好友反复追问你谈话内容，你会怎么办？
A. 轻描淡写，淡化主题

B. 只字不提

C. 给好友提一些合适的建议

评分标准

选项 \ 题号 得分	1	2	3	4	5
A	1	2	1	1	2
B	3	1	3	2	1
C	2	3	2	3	3

测试结果

13～15分：你具有良好的与人沟通的能力。当有困难的时候，你总是有办法解决，因为你懂得如何表达自己的思想和情感，从而能够进一步获得别人的理解和支持，保持了同事之间、上下级之间的良好关系。在现实社会中你同样可以做得很好。

9～12分：你已经在处理问题的时候暴露出了一些不当之处。当你遇到沟通障碍的时候，也很想解决问题，但是方法就没有那么得当了。你经常采用直接的方法，虽然真诚有余，但效果很不佳，你还是处世灵活一些吧！虚幻和现实是有差距的。

5～8分：你需要赶紧提升自己的沟通能力。你的沟通技巧比较差，常常让人产生误会，而自己还浑然不知，给别人留下不好的印象，甚至无意中还会给别人造成伤害；有时你无法准确地表达或者根本不屑表达自己的想法和观点，这可不太好。

心理视点

良好的沟通能力是处理好人际关系的关键，具有良好的沟通能力可使你很好地表达自己的思想和情感，获得别人的理解和支持，从而与上级、同事、下级保持良好的关系。沟通技巧较差的人常常会被别人误解，给别人留下不好的印象，甚至无意中对别人造成伤害。一般来说，培养自己的沟通能力应从两方面努力：一是提高理解别人的能力；二是提高表达能力，在此基础上达成理解和共识。

你有取悦他人的潜质吗

测试导语

能取悦他人是一种能力，它关系到你的人际关系的好坏。一个圆滑的社交高手，他必有取悦他人的潜质，你有这方面的潜质吗？完成下面的测试即可得知。

测试开始

1. 一个同事生病后，你会：
A. 打电话问候
B. 利用业余时间照顾他，希望他早日康复
C. 埋怨他，因为你要做更多的工作

2. 听到一个有趣的故事后，你会：
A. 迫不及待地向朋友转述
B. 笑一阵了事
C. 记在心中

3. 如果你还没有男（女）朋友，现在要你选一个，你喜欢选择何种性格的呢？
A. 具有幽默感的
B. 争强好胜的
C. 沉默寡言的

4. 如果你的一位同事资历和你一样，工资却比你低，你会有什么感想？
A. 觉得自己优越
B. 向他表示同情或为他抱不平
C. 没有任何特别感想

5. 你不喜欢男（女）朋友的同事们，如他们邀请你赴他们的宴会，你会：
A. 穿最好看的衣服，打扮好，高高兴兴地赴宴
B. 勉强赴宴，强装笑脸
C. 拒绝邀请

6. 你对朋友的癖好感兴趣是因为：

A. 与你的癖好相同

B. 他的癖好与众不同

C. 他有了这癖好后显得更加可爱

7. 听到有人造你的谣，你会：

A. 勃然大怒，要找那人算账

B. 置之不理

C. 感到有趣

8. 你为他人做了好事之后，期望什么？

A. 无任何期望

B. 希望对方以后平安顺利

C. 希望对方知恩图报

9. "为了友谊，毫不犹豫地牺牲自己的重要目标。"你对这句话怎样看？

A. 岂有此理

B. 十分同意

C. 看情况而定

10. 你和同事一起外出吃午餐，一般来说，有几个人和你在一起？

A. 一个

B. 最多两个

C. 起码三个，越多越好

11. 你的一位老同学取得卓越的成就，是社会公认的优秀人物，有一天见到他时，你会：

A. 赞美他

B. 避开他

C. 冷冷地讽刺他，意思是他不择手段才取得所谓的成就

12. 你得了感冒之类的病后，怎样处理？

A. 自己服药，坚持上班

B. 在家休息，乘机请假

C. 找医生，希望尽快医好上班

评分标准

选项＼得分＼题号	1	2	3	4	5	6	7	8	9	10	11	12
A	5	10	10	1	10	1	1	5	1	1	10	10
B	10	1	5	10	5	10	5	10	10	5	5	1
C	1	5	1	5	1	5	10	1	5	10	1	5

测试结果

40分以下：可以说你无取悦他人的潜能，甚至连取悦自己也不会。

41～80分：你有一定程度的取悦他人的潜能，但还不够。如果加强这方面的修养，会有一定的前途。

81～120分：你一向喜欢取悦他人，别人一见到你就如沐春风。

心理视点

女为悦己者容是取悦，男人对心爱的女人说尽甜言蜜语是取悦，上司的褒奖与肯定是取悦，朋友之间的相互鼓励是取悦，忘年之交的相互欣赏是取悦。总之，取悦无处不在。如果人类没有相互取悦，我们的交流就会缺乏互动，我们的心灵就会日渐僵硬。但是取悦得有尺度。取悦别人不是委屈自己，取悦别人不是颠倒黑白。取悦别人，要让对方开怀，自己开心，旁人舒服。这种能力需要我们在日常生活中积累和锻炼。

第三章

你是否拥有参透人心的能力

你看人或事物的眼光如何

💬 **测试导语**

中国有句古话："画虎画皮难画骨，知人知面不知心。"是说认识一个人的外表很容易，但要了解他的真实性格和实质却很困难，看来识人还是一种能力，那么你具有识人的慧眼吗？

想知道就请做下面的测试。

✏️ **测试开始**

小时候看过的童话故事，就其内容你可曾质疑过？在《卖火柴的小女孩》的童话里，你对下列哪一项最感到不解？

A. 小女孩不从父亲那里逃出来

B. 没有一个人向她买一盒火柴

C. 没有一个人帮助那小女孩

D. 小女孩卖火柴

📋 **测试结果**

选A：在家被酗酒的父亲虐待，还要出来赚钱养他。不离开父亲，所以不断被折磨受苦；离开父亲的魔掌，就可能脱离苦海。你看出原因与结果之间的矛盾，表明你对别人的言行，有冷静的分析能力。

选B：太着眼于表象，重视结果甚于过程。对你来说，最要紧的是结果怎样，而不是如何费心思做出来。在经商上，这也许行得通。不过你会对作弊得来的95分比靠努力与实力得到的60分，给予更高的评价。

选C：对"没有人帮助小女孩"觉得奇怪，正是中了原作者的下怀。这也表明你看人的眼光稍差。为人正直是件好事，但你竟毫无疑人之心，人家说的话照单全收，丝毫没有防人之心，这不是好事。

选D：贫苦的小孩极需要钱过圣诞，怎么会卖火柴？在这喜气洋洋、家家狂欢的年节，再奢侈的东西人家也舍得买。这时卖火柴，不是很不协调吗？能表达这种观点的人，看人的眼光一级棒。

心理视点

我们处在瞬息万变的现代社会中，每个人都要与各种各样的人交往，其中有许多不很熟悉或者完全陌生的人，如何在最短的时间内看透一个人，洞察他深藏不露的内心玄机，辨别他的本质，已经成为适应社会、认清环境、建立人际网络和成就事业所必须具备的生存技能。这种技能的练就需要你多观察、多学习，观察他人的言行和习惯，因为言行是一个人固有习惯的集中表现，而习惯又是心理使然。

学会根据脚步声判断人

测试导语

脚步声是人脚落地时发出的声音，由于落地时的力量不同，脚步声可有轻、重、缓、急之分，同时受到人的性格影响。每个人都有自己独特的脚步声，有时候不用睁眼看，根据脚步声就能判断出是谁来了或离去。喜欢探幽索隐的专家们经过调查和研究，认为脚步声基本上可以暴露出人的性格。

测试开始

平时可以留意一下身边的人，他的脚步声有什么特征呢？
A. 脚步声有节奏感
B. 脚步声没有节奏感
C. 脚步声轻微
D. 脚步声响亮
E. 脚步声漫长

测试结果

A 类型的人：开朗，外向，平易近人，不会轻易地将接近自己的陌生人拒之千里；他们办事干净利落，不拖泥带水，有着很高的工作效率，是个非常难得的工作搭档。

B 类型的人：意志力不坚强，无法勇往直前，精力集中不起来，所有追求理想的行动大都化为泡影。还有一些人可能是因为脊椎歪斜，压迫内脏，引发身体慢性病所致，应排除在外，不应仅从脚步声来判断他们的性格。

C 类型的人：带有"猫"的特性，有很高的警觉性，对外界的人和事总是严加防范，对善意的接近也采取拒绝的态度；城府亦较深，既不允许他人越雷池一步，也不会主动向对方伸出友谊之手。

D 类型的人：自我主观性极强，有时坚信自己的观点就是真理，结果会产生偏执的想法，若负责某项工作，可能会导致不良的后果；他们的领导欲强烈，喜欢支使他人，自高自大，目空一切，不易与他人合作。

E 类型的人：傲慢，以自我为中心，对他人的感受和评价不理不睬；凡事只考虑到自身的想法和利益，损人利己、顾小不顾大是他们经常使用的手段，因而不容易被他人欢迎和接受。

心理视点

我们随意地观察一下周围的人，就会发现每个人在不同的时候都会有一些不经意的肢体语言，但恰恰是这些不经意之举反映了人们真实的内心世界。表现了人们或是紧张，或是高兴，或是忧郁的情绪。从心理学角度来看，脚的动作也是人们的肢体语言之一，正是由于它往往被人们所忽略，所以实际上，它比其他的肢体语言更真实、准确。人的脚步可能因为某些突发的情况而变化，但是每个人都有自己固定的"脚语"。对于熟悉者，你不用看见他本人，仅凭那或急、或轻、或重、或稳的脚步声，就能判断出十之八九了。

走姿不同，个性有异

测试导语

走路看似平常，没有半点的特别，但却最能反映出一个人的性格特征。如循规蹈矩之人的走路姿态，与积极上进之人的走路姿态绝对是大相径庭。由于这种分析具有一定的准确性和科学性，所以我们要学会通过观察他人的走路姿态，从中找出他们的真实性格。

测试开始

他（她）的走姿如何？

A.昂首挺胸、落地有声

B.步履矫健、健步如飞

C.横冲直撞、不顾左右

D.不疾不缓、文质彬彬

E.躬身俯首

F.连蹦带跳

G.故弄玄虚、左右摇摆

测试结果

A 类型的人：这种人大多比较自信，其自尊心也较强，有时则过于自负，好妄自尊大，还可能有清高、孤傲的成分；凡事只相信自己，处处主观臆断，对于人际交往较为淡漠，经常是孤军奋战；但思维敏捷，做事有条不紊，富有组织能力，能够成就事业和完成既定目标，自始至终都能保持完美形象。

B 类型的人：这种人比较注重现实和实际，精明强干，往往是事业有成的代表；凡事三思而后行，不莽撞和唐突，不好高骛远，无论是事业还是生活，都能够脚踏实地，一步一个脚印地前进；这种人重信义、守诺言，有"君子一言，驷马难追"的魄力；不轻信人言，有自己的主见和辨别能力，是值得信赖的人。

C 类型的人：他们办事比较急躁，虽然明快又有效率，但缺少必要的细致，有时会草率行事，缺少耐性。但是他们遇事从不推诿搪塞，勇敢正直，精力充沛，喜欢面对各种挑战；坦率真诚，不会轻易做出对不起朋友的事。

D 类型的人：这种人胆小怕事，没有远大理想，而且不思进取，喜欢平静和一成不变，所以总是原地踏步和维持现状；遇事冷静沉着，不轻易动怒。据专家研究，以这种姿态走路的女人多属于贤妻良母型。

E 类型的人：这种人给人最大的印象就是自信心不足，缺乏一定的胆识与气魄，没有冒险精神。谦虚谨慎，不喜欢华而不实的言辞，给人一种彬彬有礼的感觉；与人交往过程当中，不过多地表达自己的感情，虽然沉默冷淡，似乎对什么都没有兴趣或热情，但实际上他们特别重视友谊，一旦找到了知己，就会全力以赴，甚至不惜为对方两肋插刀。

F 类型的人：这种人手舞足蹈、一步三跳且喜形于色，一定是听到了某种极好的消息，或得到了意想不到的或是盼望已久的东西。他们城府不深，不会隐藏自己的心思；此类人往往人缘极好，朋友很多。

G类型的人：这种人走路左右摇摆，一副弱不禁风的样子。他们好故弄玄虚，明明一无所有却要摆出一副不凡的架势，遇到难题不是推卸转移就是不了了之，不允许别人有半点儿对不起他们；奸诈虚伪，得不到他人的信任，往往导致事业、爱情和生活上的失败。

🔒 心理视点

虽然每一种走路的姿势，看似无意，可就是这貌似随意的走姿却隐藏着人的性格特征。

总的来说，观察一个人，就必须观察他的走姿，这可以从以下几个方面进行。

一是看走路的快慢，二是看走路的姿态，三是看走路步伐的大小，四是看走路的状态，是不急不缓，还是横冲直撞。

动作语言最能表现性格

💬 测试导语

动作是表达情感的辅助工具，可从中窥出一个人的性格特征，所以要想深入了解周围人的真情实感，可以从留意他们的一举一动入手。

✏️ 测试开始

如果你和某人聊天，他会有什么行为表现呢？

A.东拉西扯，频频打断别人的话

B.心不在焉，不重视谈话过程，即使用心听了，也是粗枝大叶，丢三落四

C.习惯性点头，并及时表达自己的认同

D.乘人不注意，窥视他人

E.动作夸张，哪怕是件小事，他也会大呼小叫的

F.喜欢与别人的目光接触

🪪 测试结果

A类型的人：这类人倾向于冒进，欠缺稳重，给人一种毛头小子的感觉，

很少有人会和他们长时间地交流，更别提促膝长谈，所以他们很少有真正的朋友和可以依靠的人。必须注意的是他们做事往往虎头蛇尾，雷声大、雨点小，所以千万不要把全部的希望都寄托到他们身上，否则定会吃大亏。尽管花言巧语可以赢得美人芳心，但由于有丈母娘严格把关，所以他们的婚姻很难完美。

B类型的人：他们办事拖拉，一延再延，因为他们根本就不知道自己该做什么，而且得过且过；如果目标已经明确，条件也具备和成熟，他们却又往往无法把精力集中起来，或是一心二用，或是驰心旁骛，接到手中的任务往往不了了之，毫无责任感，终身难以有所成就。

C类型的人：在生活和工作当中，他们是愿意向他人伸出援手的人，能够包容别人的弱点，在力所能及的范围内寻求解决方案，具有热心助人的性格特征。他们能够聆听对方的说话内容，并给予认真的思考，让说话者有被认可的感受，所以说话者会认可和欣赏他们，把他们当成可以深交的伙伴。他们也是爱交朋友的人，这不仅表现在能够给予朋友力所能及的帮助，而且还在内心深处关怀和体贴朋友，处处为朋友着想，时时想着为他们排忧解难，准备随时帮助朋友，最为难得的是经常在尚未得到别人请求协助的时候便伸出了援手。

D类型的人：这类人自身根本就没有什么特长或过人之处，但却总是想着能够"不鸣则已，一鸣惊人"。他们不知如何才能实现自己的理想，而现实当中又很少有人愿意理会这些空想家，结果使他们的自尊心受到很大的伤害。为了实现自己的白日梦，向世人证明自己的存在价值，他们学会了工于心计，擅使阴谋。

E类型的人：这类人的本质是好的，并不是存心想要别人不舒服，之所以会这样，其实是按捺不住热情和好强，他们认为光靠言语不足以表达自己心中炽热的感情，所以必须通过一些夸张的动作来表达自己的内心想法，以引起他人的注意。可是在他们的内心深处，通常存在着极度的敏感和不安，他们无法确定自己的这种方式能否被别人认可和喜欢。

F类型的人：他们充满了自信，从不怀疑自己的行为会给他人带来不愉快的感觉。他们懂得为他人着想，所以做事专心，尽量满足大家的要求，希望做出好的成绩让公众认可自己，接纳自己；懂得礼貌在交际中的作用，能够把握分寸，非常适合需要面对面进行交流的工作。

🔒 心理视点

人主要通过行为举止来实现自己的目的，所以行为举止当中隐藏了大量的真实信息，这些信息往往是慢慢聚集的，我们必须提前做出判断和反应，否则就会比较被动了。除了上述动作外，还有边说边笑，这种人性格开朗、富有人情味，缺乏积极向上的精神；挤眉弄眼，这种人轻浮，缺少内涵修养，但会处理人际关系。对于不同性格的人我们应采取不同的应对措施，以建立和谐的人际关系。

一眼看出他是否在说谎

测试导语

说谎是令人痛恨的不良行为，无论是出于何种动机，也不管谎话会导致怎样的后果，说谎就意味着欺骗，所以很少有人能在说谎的时候镇定自若，而总是借用某些肢体动作的掩饰来减轻欺骗他人过程当中产生的心理压力。

测试开始

你跟他在咖啡厅闲聊，他有以下什么动作呢？

A. 捂嘴巴

B. 碰鼻子

C. 揉眼睛

D. 摸脖子

E. 抓耳朵

F. 东张西望

测试结果

A. 捂嘴巴的人：说话时用手捂住嘴巴，说明他可能正在说谎。而他说话的时候对方也捂着嘴巴，则表示对方觉得他在说谎，提醒说话者不要继续说下去或立刻转换话题，否则继续谈话将毫无意义，甚至会出现不愉快。

B. 碰鼻子的人：这是一种比较世故的做法，或许由捂嘴巴动作转化而来，有的人在鼻子下方有意无意地轻碰几下，也有的人用非常不明显的动作很快地碰一下鼻子，有时候让人察觉不出来。采用这种动作的人是为了掩饰心中的慌乱，或是希望转移对方的注意力，因为他们觉得自己的其他部位更容易暴露出自己正在说谎。

C. 揉眼睛的人：这个动作有男女之分，女人多半是轻轻摸一下眼睑的下方，她们怕把眼睛周围的妆弄坏了；毫无顾忌的男人会用力地揉眼睛，如果谎撒得过大，他们还会把视线转向别处，较多的是看地面，也有的看周围的景致，为的是在说谎时避免目光与对方的视线接触。

D.摸脖子的人：用这种动作掩饰说谎行为的人通常有两个相似之处，那就是都用右手的食指，被挠的部位是耳垂下边的颈部。有人对此做了细致的观察，发现说谎者挠颈的次数通常都在 5 次以上。这种动作也代表了怀疑或不能确定的意思，说话者也许正在想"我无法确定自己说的话是百分之百正确的"。

E.抓耳朵的人：这个动作犹如小孩用双手捂着两只耳朵的动作，但对于成年人则显得比较世故。除此之外，还有的人会搓耳朵、拉耳垂，或是把整只耳朵按住以掩住耳孔。他们比较胆小，岁数也不大，不成熟让他们在不经意间使出儿时的动作来掩饰自己内心的忐忑不安。

F.东张西望的人：说谎的时候东张西望的人通常比较胆小、怕事，也就是说他们根本就不会说谎，对于说谎感觉像做了亏心事似的，而且心中受到了谴责，同时等待接受对方的惩罚。他们通常善良老实，与人交往以诚相待，一般不会说谎，说谎必定有一定的原因，所以他们是可以原谅的。

心理视点

爱说谎人的面部表情是：

（1）目不正视。讲话时眼睛不正视对方，可能是心虚的表现。

（2）未语先动唇。没有说话之前就有一些不自然的动作，例如嘴唇部分先抽动，或者咬唇、舔唇。

第四章

打造独特魅力的完美人生

你是哪种气质类型的人

💬 测试导语

气质是指人典型的、稳定的心理特点，包括心理活动的速度（如语言、感知及思维速度等）、强度（如情绪体验的强弱、意志的强弱等）、稳定性（如注意力集中时间的长短等）和指向性（如内向性、外向性）。这些特征的不同组合，便构成了个人的气质类型，它使人的全部心理活动都染上个性化的独特色彩，属于人的性格特征之一。气质类型通常分为多血质、胆汁质、黏液质、抑郁质4种。

下面是有关气质的60道问答题，没有对错之分，回答时不要猜测什么是正确答案，请根据你的实际情况与真实想法作答。每题设有5个选项：

A. 很符合

B. 比较符合

C. 介于中间

D. 不太符合

E. 很不符合

✏️ 测试开始

1. 做事力求稳妥，一般不做无把握的事。

2. 遇到可气的事就怒不可遏，想把心里话全说出来才痛快。

3. 宁可一人做事，不愿和很多人在一起。

4. 很快就能适应一个新环境。

5. 厌恶那些强烈的刺激，如尖叫、噪声等。

6. 和人争吵时，总是先发制人，喜欢挑衅。

7. 喜欢安静的环境。

8. 善于和人交往。

9. 羡慕那种善于克制自己感情的人。

10. 生活有规律，很少违反作息制度。

11. 在多数情况下，情绪是乐观的。

12. 碰到陌生人觉得很拘束。

13. 遇到令人气愤的事，能很好地控制自己的情绪。

14. 做事总是有旺盛的精力。

15. 遇到问题常常举棋不定，优柔寡断。

16. 在人群中从不觉得过分拘束。

17. 情绪高昂时觉得干什么都有趣，情绪低落时觉得干什么都没意思。

18. 当注意力集中于某一事物时，别的事物很难让自己分心。

19. 理解问题总比别人快。

20. 碰到危险情况，常有一种极度恐惧感。

21. 对学习、工作、事业抱有极大的热情。

22. 能够长时间做枯燥、单调的工作。

23. 符合兴趣的事，干起来劲头十足，否则就不想干。

24. 一点小事就会引起情绪波动。

25. 讨厌做那种需要耐心、细致的工作。

26. 与人交往不卑不亢。

27. 喜欢参加激烈的活动。

28. 爱看感情细腻、描写人物内心活动的文学作品。

29. 工作学习时间长，常感到厌倦。

30. 不喜欢长时间讨论一个问题，愿意真抓实干。

31. 宁愿侃侃而谈，不愿窃窃私语。

32. 别人说我总是闷闷不乐。

33. 理解问题常比别人慢些。

34. 疲倦时只要短暂的时间就能精神抖擞，重新投入工作。

35. 心里有话，宁愿自己想，不愿说出来。

36. 认准一个目标就希望尽快实现，不达目的，誓不罢休。

37. 同样和别人学习、工作一段时间后，常比别人更疲倦。

38. 做事有些莽撞，常常不考虑后果。

39. 老师和师傅讲授新知识、新技术时，总希望他讲慢些，多重复几遍。

40. 能够很快忘记那些不愉快的事情。

41. 做作业或完成一件工作总比别人花的时间多。

42. 喜欢运动量大的剧烈活动，或参加各种娱乐活动。

43. 不能很快地把注意力从一件事转移到另一件事上去。

44. 接受一个任务后，就希望迅速完成。

45. 认为墨守成规比冒风险强些。

46. 能够同时注意几件事。

47. 当我烦闷的时候，别人很难让我高兴。

48. 爱看情节起伏跌宕、激动人心的小说。

49. 对工作认真严谨，具有始终如一的态度。

50. 和周围人们的关系总是处不好。

51. 喜欢复习学过的知识，重复检查已经完成的工作。

52. 希望做变化大、花样多的工作。

53. 小时候会背许多首诗歌，我似乎比别人记得清楚。

54. 别人说我"出语伤人"，可我并不觉得这样。

55. 在体育活动中，常因反应慢而落后。

56. 反应敏捷，头脑机智灵活。

57. 喜欢有条理而不麻烦的工作。

58. 兴奋的事常常使我失眠。

59. 老师讲解新的知识，常常听不懂，但是弄懂以后就很难忘记。

60. 如果工作枯燥无味，马上情绪低落。

评分标准

选 A 得 2 分，选 B 得 1 分，选 C 得 0 分，选 D 得 -1 分，选 E 得 -2 分。然后计算总分。

测试结果

1. 将每题得分填入下表相应"得分"栏内。

2. 计算每种气质类型的总分数。

3. 气质类型的确定：如果某类气质得分明显高出其他 3 种，均高出 4 分以上，则可定为该类气质。

如果两种气质类型得分接近，其差异低于 3 分，而且又明显高于其他两种，高出 4 分以上，则可定为两种气质的混合型。

如果 3 种气质得分均高于第 4 种，而且接近，则为 3 种气质的混合型。

胆汁质	题号	2	6	9	14	17	21	27	31	36	38	42	48	50	54	58	总分
	得分																
多血质	题号	4	8	11	16	19	23	25	29	34	40	44	46	52	56	60	总分
	得分																
黏液质	题号	1	7	10	13	18	22	26	30	33	39	43	45	49	55	57	总分
	得分																
抑郁质	题号	3	5	12	15	20	24	28	32	35	37	41	47	51	55	59	总分
	得分																

1.多血质。

神经特点：感受性低；耐受性高；不随意反应性强；具有可塑性；情绪兴奋性高；反应速度快而灵活。

心理特点：活泼好动，善于交际；思维敏捷；容易接受新鲜事物；情绪和情感容易产生也容易变化和消失，容易外露；体验不深刻。

典型表现：多血质又称活泼型，敏捷好动，善于交际，在新的环境里不感到拘束。在工作、学习上富有精力而且效率高，表现出机敏的工作能力，善于适应环境变化。在集体中精神愉快，朝气蓬勃，愿意从事合乎实际的事业，会对事业心向神往，能迅速地把握新事物，在有充分自制能力和纪律性的情况下，会表现出巨大的积极性。兴趣广泛，但情感易变，如果事业上不顺利，热情可能消失，其消失速度与投身事业一样迅速。从事多样化的工作往往成绩卓越。

2.胆汁质。

神经特点：感受性低；耐受性高；不随意反应性强；外倾性明显；情绪兴奋性高；控制力弱；反应快但不灵活。

心理特点：坦率热情；精力旺盛，容易冲动；脾气暴躁；思维敏捷，但准确性差；情感外露，但持续时间不长。

典型表现：胆汁质又称不可遏止型或战斗型。具有强烈的兴奋过程和比较弱的抑郁过程，情绪易激动，反应迅速，行动敏捷，暴躁而有力；在语言上、表情上、姿态上都有一种强烈而迅速的情感表现；在克服困难上有不可遏止和坚韧不拔的劲头，但不善于思考；性急，情感易爆发而不能自制。这种人的工作特点带有明显的周期性，埋头于事业，努力去克服通向目标的重重困难和障碍。但是当精力耗尽时，易失去信心。

3. 黏液质。

神经特点：感受性低；耐受性高；不随意反应性低；外部表现少；情绪具有稳定性；反应速度快且灵活。

心理特点：稳重，考虑问题全面；安静，沉默，善于克制自己；善于忍耐。情绪不易外露；注意力稳定而不容易转移，外部动作少而缓慢。

典型表现：这种人又称为安静型，在生活中是一个坚定而稳健的辛勤工作者。由于这种人具有与兴奋过程相均衡的强的抑制，所以行动缓慢而沉着，严格恪守既定的生活秩序和工作制度，不为无所谓的诱因而分心。黏液质的人态度持重，交际适度，不做空泛之谈，情感上不易激动，不易发脾气，也不易流露情感，能自制，也不常常显露自己的才能。这种人长时间坚持不懈，有条不紊地从事自己的工作。其不足之处在于不够灵活，不善于转移自己的注意力。惰性使他因循守旧，表现出固定性有余，而灵活性不足。具有从容不迫和严肃认真的品德，性格上表现出一贯性和确定性。

4. 抑郁质。

神经特点：感受性高；耐受性低；随意反应性低；情绪兴奋性高；反应速度慢，刻板固执。

心理特点：沉静；对问题感受和体验深刻；持久；情绪不容易表露；反应迟缓但是深刻；准确性高。

典型表现：有较强的感受能力，易动感情，情绪体验的方式较少，但是体验时持久且有力，能观察到别人不容易察觉到的细节，对外部环境变化敏感，内心体验深刻，外表行为非常迟缓、忸怩、怯弱、怀疑、孤僻、优柔寡断，容易恐惧。

心理视点

气质是心理活动的动态特征，与日常生活中所说的"脾气"、"秉性"相近。气质是人格特征的自然风貌，它的成因主要与大脑的神经活动类型及后天习惯有关。气质类型本身在社会价值评价方面无好坏优劣之分，可以说每一种气质类型中都有积极或消极的成分，在人格的自我完善过程中，应扬长避短。气质不能决定人的思想道德素养和活动成就的高低。各种气质类型的人都可以对社会作出贡献，当然其消极成分也会对人的行为产生负面影响。

在人群中，典型的气质类型者较少，更多的人是综合型。多血质和胆汁质的气质类型易形成外向性格；黏液质和抑郁质气质类型的人一般较文静和内向。

你是最有魅力的人吗

测试导语

个人魅力是一种神奇的资源，它能让一个才能平平的男人得到令人垂涎的职位，能让一个外表平凡的女子焕发动人的光彩，那么你是最有魅力的人吗？

测试开始

1. 当有人顽固不肯认错时，你不会很急躁。
A. 非常同意
B. 比较同意
C. 很不同意

2. 如果有关系一般的人请你去玩或在聚会上唱歌，你往往：
A. 饶有趣味地欣然应邀
B. 找个借口推辞掉
C. 断然回绝

3. 在匆忙的路上，别人向你打招呼："你好啊！"你会停下脚步，认真回答他们吗？
A. 是
B. 有时会
C. 否

4. 在工作中，你喜欢扮演的角色是：
A. 积极参与筹划
B. 独立筹划而不愿受人干涉
C. 等着分配任务

5. 你知道这位可能成为你客户的人是个蝴蝶标本收集者，你带着业务目的拜访他。你拿出一个标本说："听说你是蝴蝶标本专家，这是我孩子捕到的一只蝴蝶，我把他带来是想请教您它是什么蝴蝶。"你预计可能发生哪种情形？
A. 他会对你产生好感
B. 他会毫不介意

C. 他会觉得你有些冒昧、不合时宜

6. 遇事会听取自己所尊敬的人的意见，但最终做决定要自己拿主意。
A. 非常同意
B. 稍许同意
C. 很不同意

7. 假设自己是一家商店的经理，一位顾客闯入你的办公室怒气冲冲地发泄不满，你了解到完全是她的错，应如何走第一步棋？
A. 先对她表示同情，再心平气和地向她指出其不满是误会造成的，不是商店的责任
B. 告诉她去找顾客意见簿或专司此职的管理人员，如果要求是正当的，问题会得到解决，而找你是没用的
C. 对她发火，并进行严肃批评

8. 一位朋友邀请你参加他的生日晚会。可是，很可能其他任何一位来宾你都不认识。在这种情况下，你会：
A. 你愿意早去一会儿帮助他筹备生日
B. 你非常乐意借此机会去认识更多的朋友
C. 借故拒绝，告诉他说："那天我真的早有安排。"

9. 受到别人批评时，你通常的反应是：
A. 分析别人为什么批评我，自己在哪些地方有错
B. 保持沉默，对他记恨在心
C. 也对他进行批评

10. 对于他人对你的依赖，你会：
A. 感到高兴，喜欢被人依赖
B. 并不介意，但希望朋友们能有一定的独立性
C. 避而远之，不喜欢结交依赖性强的朋友

11. 你是否觉得正直的人往往会吃亏？
A. 否
B. 不知道

C. 是

评分标准

每个问题选择 A，得 2 分；选择 B，得 1 分；选择 C，得 0 分。

测试结果

0 ~ 12 分：说明你不算是一个有魅力的人，有必要加强这方面的能力培养。

13 ~ 17 分：说明你是一个比较有魅力的人，但仍需继续学习和锻炼，不断提高自己。

18 分以上：说明你是一个很有魅力的人。

心理视点

这个评价并不是对你的个人魅力的一个准确衡量，而是一种定性的评估。

你的得分表明你目前的魅力，而不表明你潜在的个人魅力。只要仔细阅读本书的内容，并在实践中灵活运用，你一定能够改变自己在别人心目中的形象。

你会给人怎样的第一印象

测试导语

从心理学的角度来看，由于第一印象是在对其人一无所知的情况下获得的，故嵌入大脑的程度较深；并且它对今后输入的关于此人的信息将产生不可忽略的作用。

要想知道你给人的第一印象如何，请做下面的测试，每题请选择最适合你的答案。

测试开始

1. 当你第一次见到某个人，你的表情是：

A. 热情诚恳，自然大方

B. 大大咧咧，漫不经心

C. 紧张局促，羞怯不安

2. 你与他人谈话时的坐姿通常是：
A. 两膝并拢
B. 两腿叉开
C. 跷起"二郎腿"

3. 你选择的交谈话题是：
A. 两人都喜欢的
B. 对方所感兴趣的
C. 自己所热衷的

4. 与人初次会面，经过一番交谈，你能对他（她）的举止谈吐、知识能力等方面做出积极而准确的评价吗？
A. 不能
B. 很难说
C. 我想可以

5. 你说话时姿态是否丰富？
A. 偶尔做些手势
B. 从不指手画脚
C. 我常用手势补充言语表达

6. 若别人谈到了你兴味索然的话题，你将：
A. 打断别人，另起一题
B. 显得沉默、忍耐
C. 仍然认真听，从中寻找乐趣

7. 你是否在寒暄之后，很快就找到双方共同感兴趣的话题？
A. 是的，对此我很敏锐
B. 我觉得这很难
C. 必须经过较长一段时间才能找到

8. 你和别人告别时，下次相会的时间、地点是：
A. 对方提出的
B. 谁也没有提这事

C.我提议的

9.你讲话的速度怎么样？
A.频率相当高
B.十分缓慢
C.节律适中

10.你同他（她）谈话时，眼睛望着何处？
A.直视对方眼睛
B.看着其他的东西或人
C.盯着自己的纽扣，不停地玩弄

11.会面时你说话的音量总是：
A.很低，以致别人听起来较困难
B.柔和而低沉
C.声音高亢、热情

12.通常与朋友第一次的交谈，你们分别所占用的时间是：
A.差不多
B.他多我少
C.我多于他

评分标准

题号 选项　得分	1	2	3	4	5	6	7	8	9	10	11	12
A	5	5	3	1	3	1	5	3	1	5	3	3
B	1	1	5	3	5	3	1	1	3	1	5	5
C	3	3	1	5	1	5	3	5	5	3	1	1

测试结果

　　12～22分：第一印象差。也许你感到吃惊，因为很可能你只是依着自己的习惯行事而已。也许你本来是很愿意给别人留下一个美好的印象，可是由于你的漫不经心或缺乏体贴、或言语无趣，无形中却给别人留下了不好的印象。必须记住交往是种艺术，而艺术是需要修饰的。

　　23～46分：第一印象一般。你的表现中存在着某些令人愉快的成分，但同时又偶有不够精彩之处，这使得别人不会对你印象恶劣，却也不会产生很强的好感。如果你希望提高自己的魅力，首先必须从心理上重视，努力在"交锋"的第一回合中显示出自己的最佳形象。

47～60分：第一印象好。你的谦逊、友善给第一次见到你的人留下了深刻的印象。无论对方是你工作范围抑或私人生活中的接触者，他们无疑都有与你进一步接触的愿望。

心理视点

当你与素不相识的人初次见面，必定会给对方留下某种印象，这在心理学上叫做第一印象。从第一印象所获得的主要是关于对方的表情、姿态、仪表、服饰、语言、眼神等方面的印象，它虽然零碎、肤浅，却非常重要，因为，在先入为主的心理影响下，第一印象往往能对人的认知产生关键作用。研究表明，初次见面的最初4分钟，是第一印象形成的关键期。

怎样才能给他人留下良好的第一印象呢？从根本上说，它离不开提高自己的文明程度和修养水平，离不开进行经常的心理锻炼。心理学家提出以下建议：

（1）显露自信和朝气蓬勃的精神面貌。

（2）待人不卑不亢。

（3）衣着、礼仪得体。

（4）言行举止讲究文明礼貌。

（5）讲信用，守时间。

你展现魅力的武器是什么

测试导语

英国作家巴里曾说过："魅力仿佛是盛开在女人身上的花朵，有了它，别的都可以不必要；没有了它，别的都管不了事。"

可见魅力对于女人来说有多么重要，作为女人，你展现自己魅力的武器是什么呢？

测试开始

1.你每次在镜子前的时间超过10分钟。

A.是——回答第2题

B. 否——回答第 3 题

2. 喜欢黛玉胜过宝钗。

A. 是——回答第 5 题

B. 否——回答第 7 题

3. 有人说你的微笑像朱丽娅·罗伯茨吗？

A. 是——回答第 8 题

B. 否——回答第 4 题

4. 读过席绢的《上错花轿嫁对郎》吗？

A. 是——回答第 6 题

B. 否——回答第 7 题

5. 琼瑶的小说已经读过两遍以上。

A. 是——回答第 9 题

B. 否——回答第 6 题

6. 很欣赏《我的野蛮女友》吗？

A. 是——回答第 10 题

B. 否——回答第 8 题

7. 喜欢喝黑咖啡吗？

A. 是——回答第 11 题

B. 否——回答第 9 题

8. 喜欢穿成熟套装吗？

A. 是——回答第 12 题

B. 否——回答第 13 题

9. 留飘飘长发吗？

A. 是——回答第 14 题

B. 否——回答第 11 题

10. 学过跆拳道或者散打吗?
A. 是——A 型
B. 否——回答第 13 题

11. 喜欢看国际辩论会吗?
A. 是——回答第 12 题
B. 否——回答第 14 题

12. 皮夹是棕色的吗?
A. 是——B 型
B. 否——回答第 13 题

13. 有人夸你漂亮,你会:
A. 不客气地说谢谢——回答第 11 题
B. 脸红——C 型

14. 哭的时候非常忘情?
A. 是——D 型
B. 否——C 型

测试结果

　　A 型:野蛮女友。你是个标准的豪爽女性,你最适合的不是低眉委婉的羞涩,而是英姿飒爽的自信笑容,很少有人不会为你甩头、露齿的阳光魅力所吸引。对你来说,最能展现你个性的是洒脱的裤装和飞扬的发型。你的眼睛似乎天生就不是用来哭泣的,拍拍别人肩膀或者称兄道弟才是你的本色,被这么一拍一笑,没有几个人能拒绝你的要求。偶尔落一次泪,将会"物以稀为贵",起到意想不到的效果。

　　擅长武器:豪爽笑容。

　　B 型:铁娘子。和人争论时,彬彬有礼的态度和字字机锋的言语恰成相辅相成,冷静睿智的目光和智慧的微笑是你最能慑人的表情。谈判桌上字字珠玑,或者辩论会上锋芒毕露,都是展现你魅力的瞬间。你同样不适合低眉温婉,但你的平静、理智的表情比任何保证书都更有说服力。在爱情上不妨稍微退让一些,你对他的示弱也许会让对方有坐拥天下的感觉。另外,偶尔失去控制,如孩子一样大哭一场,说不定有出人意料的效果。

擅长武器：辩论时的睿智和冷静，以及丝毫不带强硬语气却步步紧逼的词句。

C型：微笑天使。可爱发型，可爱装扮，邻家女孩一样的亲切笑容是你最有魅力的武器。站在温馨的路边树下，映着温和阳光的微微一笑，让人有如沐春风的感觉，大概只有机器人才不会为之所动。亲和力是你最有效的武器，没有人可以抗拒你的温柔。你不适合冷硬的态度或者粗鲁的言行，但你无声的哭泣和温和的微笑同样是具有极大杀伤力的武器，综合二者有效利用才是克敌制胜之道。

擅长武器：亲切的态度，和蔼的神情，当然，还有最美丽的阳光微笑。

D型：林妹妹。你才是体现"女人是水做的"这句名言的最好范例，作为一个感情丰富的性情中人，时不时为《蓝色生死恋》这样的片子潸然泪下，让身边的人有一种想要搂住你安慰你的冲动。这种态度给人一种错觉：你似乎生来就是为了被人保护的，没有攻击力也缺乏杀伤性，但没人会意识到，你的眼泪正以一种润物细无声的方式慢慢渗透进对方心里。

擅长武器：梨花带雨的泪容，丰富易冲动的感情。

心理视点

有魅力的人，人人都爱与之交友，和有魅力的人相处总是愉快的；她好像雨天的太阳，能驱除昏暗，人人都愿为她做事。一个人能否成功与她的个人魅力有密切的关系；良好的个人魅力是一种神奇的天赋，就连最冷酷无情的人都能受到她的感染。

那么什么样的女人才具有真正的魅力呢？魅力女人的武器是什么呢？

第一种武器：打扮得体，有独到的品位。

第二种武器：出得厅堂，入得厨房。

第三种武器：聪明博学。

第四种武器：言语风趣、收放自如。

第五种武器：追求爱情却不痴迷。

第六种武器：善待自己。

第七种武器：人格独立。

你的自我形象如何

测试导语

你的自我形象如何，可以从下面的测试中测出来。

下面的测验有 50 个形容词，请从头到尾读两次。第一次读时，如果碰到的形容词切合自己的个性或形象，就在"我正是"那栏的方格里画一个"×"；第二遍读时，碰到自己将来想具备的形象特质形容词，就在"我想要成为"那栏画一个"○"。所以，有些形容词在两栏中都会被画上记号，有些则一个记号也没有。不过千万记得，打"×"和画"○"要分开来做。

测试开始

我正是	我想要成为	
☐	☐	野心勃勃
☐	☐	好辩的
☐	☐	独断的
☐	☐	吸引人的
☐	☐	好战的
☐	☐	粗鲁的
☐	☐	谨慎的
☐	☐	迷人的
☐	☐	聪明的
☐	☐	肯竞争的
☐	☐	肯合作的
☐	☐	有创造力的
☐	☐	好奇的
☐	☐	愤世嫉俗的
☐	☐	大胆的
☐	☐	果断的
☐	☐	坚毅的
☐	☐	迂回的
☐	☐	小心的
☐	☐	卖力的
☐	☐	有效率的

☐　☐　精力充沛的

☐　☐　有趣的

☐　☐　好嫉妒的

☐　☐　宽大的

☐　☐　受挫的

☐　☐　慷慨的

☐　☐　诚实的

☐　☐　引人注目的

☐　☐　冲动的

☐　☐　独立的

☐　☐　懒惰的

☐　☐　乐观的

☐　☐　能言善辩的

☐　☐　有耐性的

☐　☐　实际的

☐　☐　有原则的

☐　☐　轻松的

☐　☐　机智的

☐　☐　自我中心的

☐　☐　有自信的

☐　☐　敏感的

☐　☐　精明能干的

☐　☐　顽固的

☐　☐　猜忌的

☐　☐　胆小的

☐　☐　强硬的

☐　☐　可信的

☐　☐　温和的

☐　☐　顺从的

评分标准

在你的答案里，如果一个形容词只有一个记号（不论"○"或"×"），就可以得到 1 分；如果有两个记号（一个"○"和一个"×"），不计分；如果没有任何记号，也不计分。把各题得分相加就是总分。

测试结果

34分以上：毫无疑问，你对自己感到失望，你常会有受挫和失败的情绪。建议你最好找专家帮忙。

22～33分：你经常看轻自己，见人就低头，对自己给人的印象不满意，对追求成功也没有信心。你必须投入时间和精力，致力于人格的发展。

12～21分：你有一些看扁自己，成功的机会不大。你需要增强信心，减少真正自我与理想自我的矛盾。

6～11分：表明你对自己比较满意，但真正的自我与理想的自我仍有一些矛盾，你可以朝自己希望的方向努力。但该得分已经表明你有很健康的人格。

5分以下：表明你有很强的正面的自我形象，对自己有很高的正面评价。你很自信，并对自己的能力感到满意，成功的机会和个人成就感很高，真正的自我和理想的自我很一致。

心理视点

人的一生始终都在寻找自我、实现自我、超越自我。

自我意识的分化，是自我意识走向成熟的标志。它使个体对自己的内心世界和行为，对自己的角色和责任都有了新的认识，也带来了理想自我与现实自我的矛盾。个体感觉到了两者间的差距，并为此感到苦恼和不安。

自我意识分化的另一个表现就是出现了"主观的我"和"客观的我"两部分，这两部分往往并不一致。当"主观的我"高于"客观的我"时，表现出的是自负，这通常是由于生活中的一帆风顺、片面的自我认识等因素造成；当"主观的我"低于"客观的我"时，表现出的是自卑，这通常是由于家庭教育的不当、生活中经历的挫折及对自己要求过于苛刻等因素造成。无论是自负，还是自卑，都不利于一个人的发展，都会阻碍个体与他人建立良好关系。

你掌握了自我表现的分寸了吗

测试导语

为了检测你是否能恰到好处地将自己表现出来，根据下面的20个问题，来了解你的自我表现力。请将与自身情况相符合的项目全部标上记号，最后数数有多少标上了记号。

测试开始

☐你喜欢对电影或者电视连续剧做出评论。

☐你曾经想要成为小说家或者词作者。

☐舞会前，你会积极地调查男生队伍的情况。

☐学生时代，在文艺会演时，你基本上都是主角。

☐你一次都没有被男性甩过。

☐你经常被朋友说"好时髦"。

☐学生时代，你是舞蹈队的一员。

☐认为自己并不是个很积极的人。

☐你不喜欢因为"约会次数太少"而跟恋人分手的女孩子。

☐舞会上，即使不是有意表现，你也会成为男性注目的对象。

☐你大致上知道自己的优点和缺点。

☐求职时，比起笔试，你更擅长面试。

☐你有时会对不会说话的朋友感到很不耐烦。

☐即使在家你也经常打扮得很漂亮。

☐不知为什么，你周围的人经常会为你担心。

☐你正过着你自己希望的人生。

☐你洗澡时会先洗脸。

☐你很擅长化妆。

☐即使做了妈妈，你也想继续保持年轻的面孔。

☐你认为随着年龄的增长，应当学会根据对象而改变说话的态度。

测试结果

5个以下：自我表现？你宁愿被众人遗忘！

你非常不喜欢自我表现，众人关注的目光只会令你如坐针毡。

这类型的人，几乎从来没有站在队伍的最前面去做某些事情，而是经常躲藏在人群后面，极少被人发现和注意。对你来说，你不会干涉任何人，同时也不希望谁来干涉你。你的私人空间是块神圣不可侵犯的领地，你只想独享自我的世界，在你看来，那算得上是一个最舒适的地方。

6～10个：你表面看上去很温顺，但在家人面前却自我意识很强。

你不太善于自我表现，即使内心有很强的自我意识，也不会将其表现出来。

这类型的人，很多都是压抑自我、默默无闻的人，更多时候只是配合别人做名配角，在外人面前很内向的你，在家人面前却又显得很任性。你会将在外面积聚的郁愤发泄在家人身上。虽然家人会包容你的一切，但这

259

种不分青红皂白的态度却不值得欣赏。建议你去寻找一些能消除压力的兴趣爱好。

11~15个：你能够恰如其分地表现自己，令人欣赏又印象深刻。

你掌握了自我表现的分寸，既能有效地表现出自己的优势，又能被别人普遍接受，这样的你，经常被周围的人所环绕和关注。

这类型的人，都非常了解自己的优点和缺点，所以虽说表现力很强，但也不是那种喜欢显摆自己的类型，能够很有效地给他人留下"好印象"。

16个以上：你极擅自我表现，抢尽风头。

你非常善于自我表现，在人群中显得很抢眼，但是这类型的人，也很喜欢"我如何如何"地尽说自己的事情，希望把大家的注意力都集中在自己身上，与其说你喜欢自我表现，不如说你自我主张更为恰当。所以很多时候会让人感到讨厌。在单纯地自我介绍的时候，你的自我表现力会发挥很好的效果。但在集体生活中，要注意避免被人认为是个任性的人。

心理视点

自我表现能力是指个体通过某种途径，巧妙运用某种方法，自觉地在一定场合向别人展示自己的特长或优势的比较稳定的个性心理特征。

在平时的工作生活中，我们要学会表现自己，但是也要注意分寸。

有人缺乏自信又好面子，生怕引起别人注意，有人怕遭拒绝而不敢接近别人，这样只能默默无闻，使社交变得没有意义；有人清高自负不肯低就，只能被人冷落。谨慎与拘束、自重与自负、谦虚与畏缩，其表现往往是一步之差，关键在于把握一个适当的分寸。自己的身份，自己对某种技巧的掌握程度，以及是否与当时的气氛谐调，这些都应当考虑周全。在此基础上充分发挥优势，就可能得到更多的好感。

虚张声势者喜欢用旁若无人的高声谈笑、矫饰的表情、夸张的动作来表现自己，其结果往往适得其反。善于表现自己的人，总是尽量把自己的长处呈现在朋友面前，如伶俐的口才，渊博的学识，温文尔雅的举止，巧妙的化妆，典雅的服装，都能给人留下良好的印象。

第五篇

情绪扫描，
让你在困境中放松自己

第一章

迎难而上还是选择逃避

面对逆境，你将如何选择

💬 测试导语

不可否认，人在前进的途中不可能总是一帆风顺，难免会经受不同程度的困难与考验，如何去战胜逆境是一个人必备的素质。面对逆境，你将如何面对？做完下面的测试，就知道了。

✏️ 测试开始

假如有一天你背着降落伞从天而降，你最希望自己在什么地方降落？

A.青葱的草原平地

B.柔软的湖畔湿地

C.玉树临风的山顶

D.高耸的华厦顶楼

📇 测试结果

选择 A 的人：你期盼自己有一个平凡顺利的人生，即使遇到运气不佳的时候，你也会尽可能地使自己维持在正常的轨道中，重新寻找一个平衡的、规则的生活步调。所以基本上，你是个墨守成规的人，适合过着规律的生活。

选择 B 的人：你的个性虽然略为保守，但在面对人生的不如意时，是能够逆来顺受的。你会在运气不好的时候，寻找改变自己的方法，偶尔也会希望打破成规，重新调整生活步伐，但是改变的幅度还是不会太大。

选择 C 的人：你是个常常喜欢大刀阔斧，让自己改头换面的人。你认为人生就是要不断注入新的体验，才能够进步，所以在每次遇到运气不好的时候，你都会将危机化为转机，可以说你拥有相当积极的人生观。

选择 D 的人：你追求的是功成名就。当你的人生处在逆境时，尽管你心中百般恐慌，但仍旧会凭着自我的机智与耐力，去渡过难关。千方百计地让自己更上一层楼的想法，正是你迈向成功的最佳原动力。

心理视点

如何才能提升自己的逆境应对能力呢？

（1）凡事不抱怨，只求解决。身处逆境之时，不要过多地抱怨，这样只会无谓地浪费时间，至今还没发现有哪一种伟大的创举是以抱怨解决和得来的。在逆境中，我们应尽快地找出解决问题的方案，以摆脱逆境，此为最佳选择。

（2）先看优点，再看缺点。身处逆境之时，应心存"阿 Q"的乐观主义精神（取其积极的方面）；应心存"塞翁失马，焉知非福"的思想意识；应先看逆境之中是否有可发掘的益处存在，然后再去应对逆境中的缺点，定会取得事半功倍的效果。

（3）勤于思考，胸有主见。身处逆境之时，应勤于思考，拿出处理问题的正确方法，不要遇事只会询问别人如何去处理。

你处理困难的能力如何

测试导语

在遭遇困难、灾害或工作上的危机时，你有克服它们的能力吗？回答下面的 7 个测验题，并对照解答的计分表算出你的得分，就可知道了。

测试开始

1.过节的时候，你拿着威士忌酒礼盒去看朋友，可是当到了他家门口时，你不小心把礼盒掉在地上，里面的酒瓶可能摔破了。这时你会怎么做？

A.拿回家确定一下

B.就这么送给他

C.在对方的面前打开来看

2. 当您穿着睡衣刷牙时，门铃突然响了。而此时家中又只有你一人，你会怎么做？

A. 马上去开门

B. 换了衣服再开门

C. 假装不在家

3. 晚上，你疲惫不堪地刚躺下来睡，不久，就听到不知是消防车还是警车的声音，也许是附近出事了。这时，你会怎样呢？

A. 虽然很累，仍会起床一探究竟

B. 不管它，照睡不误

C. 等一会再看

4. 你请了两个朋友到家里吃饭。可是饭却煮的不多。如果两个都要添饭，那就不够了。而这时，你的饭也还未添。你会怎么做？

A. 偷偷地出去买

B. 跟比较好的那个朋友使眼色，请他不要再添

C. 随他去，到时再说

5. 看到下面的单字，把你马上联想到的词从 A、B、C 中选出一个来。

（1）火　　　　A. 火柴　　　　B. 地狱　　　　C. 火灾

（2）黑　　　　A. 夜晚　　　　B. 黑人　　　　C. 隧道

（3）白　　　　A. 砂糖　　　　B. 珍珠　　　　C. 结婚礼服

6. 你已经有一个星期没有给庭院里的盆栽浇水，盆栽有点蔫了。而此时，天看起来似乎就快下雨了。您还会为盆栽浇水吗？

A. 会

B. 不会

C. 再等一天

7. 你把常吃的维生素丸放在桌上。但是，当你正要去拿来吃的时候停电了。在一片漆黑中，您还会伸手去拿维生素丸来吃吗？

A. 会伸出手来找药瓶，拿了就吃

B. 擦亮火柴确认了药瓶才吃

C. 不吃，等电来了再说

评分标准

选项 \ 得分 题号	1	2	3	4	5 (1)	5 (2)	5 (3)	6	7
A	1	5	3	1	5	3	5	3	5
B	3	1	1	3	1	1	1	5	3
C	5	3	5	5	3	5	3	1	1

测试结果

39～45分：积极且具有强烈精神力量的类型。平时，不管做什么事情，你都认为靠自己的力量就行，无须借助他人之力。你不会在小事情上钻牛角尖。你具有拼命向前的勇气。

在你眼中，99%的人是差劲、不行的，只有你才有拼命到底的坚韧精神。你的分析力不比他人强，也不比别人冷静，但是，你有旺盛的生命力，有好好活下去的强烈信念。

在一片混乱之际，你有不怕困难、保护自己、保护家人的行动力。若遇到山崩路断时，就算要独自过好几天，你也有忍耐下去的精神力量。

29～38分：虽有克服危机的能力，却常常依赖他人的类型。在遇到麻烦或公司有危机时，你都会耐下心来去克服它。你很乐观，具有符合常识的判断力，能够斟酌众人的意见采取行动。在团体中，你颇有团队精神。

可是，在团体中，没有指挥官和领导者时，你会感到不安，甚而绝望，然后就放弃了求救的机会。

在事态紧急时，你不会去依赖他人，而有勇气独立来面对它。但是，在非常紧急状态之下，此团体的命运就得视领导者的好坏来决定了。

19～28分：易受周围左右，难做决断的类型。你常因听了周围的意见，或被各种信息左右，而不知如何是好。事起仓促时，难做决断是你的致命伤。

这种类型的人，面对突发状况时，首先，会从手中所有信息或资料中找出解决方法。可是，你反而会受到信息的迷惑而无从判断。你常因错过做决断的时机，而受到很大伤害。

此类型的人，平常的时候对自己的想法还蛮有自信的，可是在发生突然事故时，为免除过于自信，最好还是听从领导者或指挥官的命令。

9～18分：急急忙忙下错误判断的类型。当公司有大的人事变动时，你反应敏感，甚至因而有干不下去的危机感。

出现紧急情况时，你会反应很快，但往往因太过急躁，而做出错误的判断，以致犯下想象不到的错误。例如，忽然间发生地震时，你会拼命地往外冲出去，结果，不慎跌伤。

因此，当有紧急事情发生时，你必须用3分钟的时间来环视周围的状况，想清楚后再做反应，不要随随便便地采取行动。

🔒 心理视点

面对困难时应做到以下几点：

（1）要学会在困难之前退后一步，冷静下来，沉着思考，要以冷静的心态来看待全局。

（2）运用全部心智来思考问题，一步接一步，然后有系统地剖析它。

（3）以积极心态思考问题，明确你可以克服它，能这样做的话，便已经走上了成功之路。

（4）要学会以理论联系实践的方法处理难题。

（5）坚持你的工作，只要努力不懈，最后便能成功。

（6）冷静接受人生所有的一切，处理问题时，控制你的情绪，以坚持不懈的努力来迎接最后的胜利。

你能够很好地处理压力吗

💬 测试导语

快节奏的工作和生活给人们的精神带来了不少的压力，如何有效处理压力已成为我们日常生活必须面对的问题，你能很好地处理压力吗？能在生活的重压下过得轻松自如吗？请做下面的测试，它会给你满意的答案。

✏️ 测试开始

1. 你是否认为与40年前相比，现在的生活给人们带来了更多的压力？

A. 可能

B. 是的

C. 没有

2. 你对于必须去掌握新技术有什么感受？

A. 不太关心，如果由于工作原因必须去学习新技术，我会把它当作一个重要的事情来处理

B. 我多少会有些担心

C. 我对此很感兴趣，很愿意接受新技术

3. 你是否曾经由于压力过大而破坏东西？

A. 没有真正去破坏什么东西，尽管我偶尔会做使劲放电话机之类的事情

B. 是的

C. 没有

4. 成功对你有多重要？

A. 相当重要

B. 非常重要

C. 关于这个问题，我没有过多考虑

5. 你有没有可以完全信任的朋友，在你消沉的时候可以和他们聊天？

A. 可能有

B. 没有

C. 有

6. 你是否曾经因为自己挚爱的亲人去世或生病而影响健康？

A. 没有，但将来也许会，我不太清楚

B. 是的

C. 不会，我能够处理好，尽管和大多数人一样，我会感到痛苦和悲伤，但不会损害我的健康

7. 你对同时处理许多件事情有什么感受？

A. 不会烦扰我

B. 我更喜欢只做一件事情

C. 我更喜欢同时处理多件事情

8. 你是否认为自己是那种在危急时刻，别人会把你当作能够保持头脑冷静的人？

A. 有时是，但经常是那种虽然能够保持头脑冷静，却不能把握局面的人

B. 不会

C. 是的，我认为别人就是这样看我的

9. 对你而言，你认为周末的主要目的是什么？
A. 我有更多的时间与家人及朋友待在一起
B. 我可以不用像工作日那样必须努力工作，但是，我不能从中完全解放出来
C. 我的身心可以得到一次完全的放松

10. 你很容易完全地自我解脱，将所有的事情都抛诸脑后，完全放松吗？
A. 有些事情很容易放开，有些事情则比较困难
B. 这几乎是不可能的
C. 很幸运，我可以很容易地解脱自己

11. 你是否因为要参加考试而感到紧张？
A. 我可能会因为要参加考试而感到紧张，但不会比一般人更严重
B. 是的
C. 没有

12. 当你在办公室忙碌了一整天之后，你认为下面哪一种方法对于缓解紧张最有益？
A. 在我特别喜爱的扶椅上睡上一两个小时
B. 喝一杯威士忌或其他白酒
C. 吃一大块巧克力

13. 由于工作太紧张，你中间需要休息几次？
A. 两次或更少
B. 两次以上
C. 不休息

14. 你是否发现，有时有些鸡毛蒜皮的事情会烦扰你？
A. 是的，有时会
B. 经常会
C. 很少或从来没有

15. 当你犯错误或者当事情没有按照你预期的计划发展时，你生气或者心烦的次数很多吗？
A. 和大多数人一样，偶尔也会

B. 可能会比一般人多一些

C. 可能比一般人要少

16. 你是否因为要戒除咖啡因或尼古丁而感到紧张？

A. 除了有些断瘾症状外，没有其他影响

B. 是的

C. 没有

17. 设定工作期限是否会给你增加动力？

A. 不会，但在最后期限之前完成工作是我们每个人都必须面对的

B. 不会，我不喜欢在工作中设置最后期限，我喜欢按自己的步调工作

C. 是的，我认为我可以在压力下干得很好

18. 当你正在装修房子，或者你手头上有其他的事情需要处理时，你会有什么感受？

A. 我不会感到特别烦恼，因为事情总是要做的

B. 在事情完成之前多少会有些着急，尤其当这些事情影响我的日常安排时

C. 很高兴，有时会对正在做的事情感到很兴奋

19. 由于出现家庭问题，周末突然让你照料你表兄家的 3 个顽皮的孩子。你会有什么感想？

A. 我会感到担心

B. 一想到这事我就感到恐惧，我可能会想办法逃脱这份差事

C. 我会迎接挑战

20. 你是否与其他人讨论过你的感觉？

A. 偶尔

B. 很少或从不

C. 经常

21. 你是否因为要洗餐具或者给草坪除草这样的家务事而紧张？

A. 尽管这些事情有时很烦人，但我不会紧张

B. 是的

C. 不会

22. 你是否为了缓解紧张而服用某些药物？
A. 偶尔
B. 经常
C. 从不

23. 你是否因为紧张或者压力而影响性生活？
A. 偶尔
B. 经常
C. 从不

24. 你是否认为现代社会比从前任何时候都更具竞争性？
A. 我认为现代社会比以前竞争性可能要高一些
B. 是的，的确如此
C. 并不比从前更具竞争性

25. 你是否认为应当给自己施加压力并更努力工作？
A. 有时
B. 是的，这是取得成功的最好办法
C. 没有，人生短暂，应及时行乐

26. 你对于采用诸如针灸这样的方法来缓解紧张有什么看法？
A. 不能肯定，也许在必要的时候我也会用的
B. 我不会考虑的
C. 这会很有用

27. 如果要搬家，你会有什么感受？
A. 我很喜欢现在住的房子，但是搬家也有搬家的好处
B. 一项无法逃脱的苦差事
C. 很辛苦，但通常是计划并且盼望做的事情

28. 你是否经常感到脑海里事情一件接一件地烦扰你？
A. 偶尔
B. 经常
C. 很少或从不

29. 随着年龄增长，你的压力感是增加了还是减少了？

A. 差不多

B. 更多

C. 更少

30. 你遇上堵车。以下哪一种是你最强烈的感受？

A. 生气

B. 挫折感

C. 厌烦

评分标准

选 A 得 1 分，选 B 得 0 分，选 C 得 2 分。计算自己最终的得分。

测试结果

45～60 分：你的得分表明你可以非常得心应手地处理压力。其他人可能会认为你很沉着而且完全放松，并且你几乎在所有时候都能够让事情有条不紊。对于拥有这种性格和态度的人，唯一需要警惕的是，仍然应当对潜在的压力处境做好准备，因为这些处境不可避免。换言之，你应当有能力为应付压力做好计划，为意外的困难留有回旋余地。还有，值得注意的是，一定程度的紧张是有益的，因为它可以让人的精神更集中。

31～44 分：尽管你有时会发现自己处于压力之下或者感到紧张，这通常是偶然现象而不是惯例，而且，更重要的是，这种情况通常不会持久。结果，你能够很轻易地从中解脱，并且不会让自己受到太大影响。你是那种在面临压力时能够照顾好自己的人，而且在必要的时候能够对他人提出的无理要求说不。

少于 30 分：你的得分表明你正遭受压力的消极影响。由于社会行为规范禁止许多自然的发泄情绪的方式，例如暴力或者逃避，因此，压力可能会在你的思想中累积，而这是你最容易紧张的时候。正是在这些时候，你脑海里出现许多事情处于杂乱无序的状态。但是，你所担心的大多数事情根本不会发生，大多数压力都是短暂的，而且如果你能够有计划、有组织地处理这些压力，那么就不会遭受太大的不良影响。毕竟，这些压力并不是只发生在你一个人身上，有时，这些压力是世界上所有的人都会经历的。

🔒 心理视点

在面临压力时要照顾好你自己，这一点非常重要，不光是为了你自己的健康，还为了许多与你最亲近的人。这可以通过很多种办法实现。

（1）在做必须完成的事情的同时，跟你的朋友做一些有趣的事情。

（2）不要过多地自我批评，因为我们都会犯错误。

（3）给自己放假。

（4）尽量放松并且保证充足睡眠。

（5）保持心情愉快。

（6）饮食适度。

（7）培养业余兴趣。

面对困境，你如何应对

💬 测试导语

人生难免遭遇拊折，陷入困境时你会怎样做呢？是灰心失望，还是勇往直前？你能直面挫折、走出困境吗？完成下面的测试，会让你对自己有更深的了解。此项测试共 20 题，按实际情况进行选择，10 分钟内完成。

✏️ 测试开始

1.看到那些怪异的服装、听到嘈杂的音乐，你会感觉难受吗？

A. 否

B. 是

C. 不全是

2.哪怕你的看法与他人完全相反，你也能和对方平心静气地说话吗？

A. 否

B. 是

C. 不全是

3.成功的可能性较大时，你才会着手完成那些带有刺激性的事吗？

A. 否

B. 是

C. 不全是

4. 在你年幼的时候，你的生活充满了长辈对你的关爱吗？
A. 否
B. 是
C. 不全是

5. 对你来说，认识新的朋友，编织全新的关系网络很容易吗？
A. 否
B. 是
C. 不全是

6. 只要一有时间，你就想看小说和报纸吗？
A. 否
B. 是
C. 不全是

7. 如果周围出现了某种流行性疾病，你总会率先表现出相关症状吗？
A. 否
B. 是
C. 不全是

8. 恋爱中被人抛弃，你会感到伤心失望，甚至不想继续生活吗？
A. 否
B. 是
C. 不全是

9. 哪怕多次不成功，你也不会失去再次努力的信心吗？
A. 否
B. 是
C. 不全是

10. 你从来没有因失眠而被迫服用过镇静药吗？
A. 否
B. 是

C. 不全是

11. 虽然你并没多少收入，但并不感到拮据？
A. 否
B. 是
C. 不全是

12. 你在一段时间内，接连遇到不幸的事，会感觉每一次的打击都比上一次大，而觉得难以接受吗？
A. 否
B. 是
C. 不全是

13. 别人若对你不公平，你会用这种方式对待别人吗？
A. 否
B. 是
C. 不全是

14. 你在人生的道路上，总是一路坎坷吗？
A. 否
B. 是
C. 不全是

15. 让你和个性完全相反的人一同相处，你觉得是一种折磨吗？
A. 否
B. 是
C. 不全是

16. 你认为一些新规章、新法规的颁布实施都是理所应当的吗？
A. 否
B. 是
C. 不全是

17. 即使你的名字从涨工资的名单里被撤掉，你也会心平气和吗？
A. 否

B. 是

C. 不全是

18. 如果手头里有没完成的重要工作，你会吃不好、睡不好吗？

A. 否

B. 是

C. 不全是

19. 你的同事将你最不想见的人带到你家，你会对此感到难以接受吗？

A. 否

B. 是

C. 不全是

20. 别人随意拿了你的东西，你会好几天都闷闷不乐吗？

A. 否

B. 是

C. 不全是

评分标准

题号 选项　得分	1	2	3	4	5	6	7	8	9	10	11	12	13	14	15	16	17	18	19	20
A	5	3	3	1	1	3	5	5	1	1	1	5	1	5	5	3	1	1	5	5
B	3	5	1	5	5	1	1	1	5	5	5	1	5	1	1	5	5	5	1	1
C	1	1	5	3	3	5	3	3	3	3	1	3	3	3	1	3	3	3	3	3

测试结果

　　20～50分：你经受不了突然的打击，甚至连很小的困难都会把你难倒，这可能是由于你以前一直一帆风顺，你是处在温室的花朵，禁不起风霜的洗礼，抓紧时间接受些考验吧，也许大风大浪还在后头呢。

　　50～75分：通常的困难吓不倒你，最多给你添了点儿烦恼，不过遇到较大困难时，你还需要更加理性、乐观。

　　75～100分：无论遭遇到多大的困难，你都从容冷静，这也许是因为你已经有了丰富的经验。如同傲雪的青松拥有抗寒的能力一样，对一切打击你都能应付自如。

心理视点

人在一生中，难免会遇到各种困难，面对困难我们不该逃避、抱怨，而应该以坦然、乐观的态度对待困难。面对困难还应该树立不怕吃苦、不畏艰险的精神，面对长期的困难，耐心和坚持不懈的精神就显得特别重要了。面对困难我们必须勇往直前，奋力拼搏，这样才能从困难的旋涡中解脱出来。

"宝剑锋从磨砺出，梅花香自苦寒来"，让我们以坚强的毅力、百倍的信心、充足的勇气坦然面对生活中的风风雨雨，做一个不畏艰险、敢于奋斗的攀登者吧。

你的承受压力指数有多高

测试导语

生活中，我们有许许多多始料不及的事情，"欲渡黄河冰塞川，将登太行雪满山。"我们有时会处境艰难，压力不时会向自己袭来，在此情况下，我们要学会承受压力，要学会承受压力首先要先了解自己承受压力的指数，测一下吧！

测试开始

请问"奇异果"给你什么感觉？
A.在阳光照耀下，好像黄金水果般可爱
B.小巧可爱
C.青涩香甜
D.毛茸茸的外皮很可爱
E.想把它当成球，可以丢，可以玩
F.喜欢它是因为它是营养丰富的水果
G.点缀甜点时非常漂亮
H.毛茸茸的外皮不好看
I.奇怪的水果，不像是真的
J.害怕外皮会刺到舌头

测试结果

选A：承受压力指数为10。你不在乎生活压力，什么都可以看得很开，你的人生永远追求完美和理想，你的苦干精神无人能比。你的快乐是单纯而自然的，能时时知足又懂得不断去追求。

建议：你不需要别人帮助解决生活压力，但需要在别人的指导下解决生活难题，因此建议你多交一些有智慧和远见的朋友。

选B：承受压力指数为9。你对人诚恳，总是看到他人纯真善良的一面，充满自信又肯上进。你的特长是能找到许多机会，创造健康快乐的人生，与人相处融洽，人缘极佳。

建议：胆小怕事使你包容许多人的缺点，任由他们做坏事，要小心别受牵连，应多交一些老于世故的朋友，帮助你认清事实。

选C：承受压力指数为8。你生命力旺盛，能快速了解别人的需要，善于处理复杂的人际关系，容易成为富贵之人。品位高，条件好，并重视个人成长，你是一个极有智慧的人。

建议：自以为是的你常会因粗心而犯错，你应该认真听取别人的建议，不要一意孤行，更不可因为别人的建议而情绪失控，如果你能开阔胸襟，广纳众议，会让你更加成功。

选D：承受压力指数为7。你有帅气十足的性格，活泼、浪漫、天真，像未失童心的人，永远能陶醉在欢笑声中，快乐时会欢呼或手舞足蹈，你不会让痛苦或枯燥的生活，打扰你欢愉的心情，是典型的适者生存者。

建议：你的持续能力不长，有碍事业发展。若喜欢把事业放在娱乐之后，更需检讨人生失败的缘由，因为你会因此而导致太多困扰。

选E：承受压力指数为5。你的个性孤独又不能被他人肯定，这使你不喜欢了解自己的缺点，像被丢掉的石头，不知道它的价值何在。别人欠你的钱，你也懒得去追讨，以不变应万变的心态应付许多生活难题。

建议：只要你懂得努力追求自己的所爱，坚持在一个固定的职业上，不在乎艰难日子，就能平安过一生，千万不要三心二意，使自己失去生活重心。

选F：承受压力指数为4。容易为生活琐事担心，不在乎物质生活，却强调生活品位的重要，能理性分析事情，但又因缺乏感性生活而十分无奈。你需要同时兼具理性和感性的人生，才能感到满足。

建议：当你无法承受生活压力时，不妨让自己平凡一点，别在乎别人的期望，因为常常是你自己设定了太高的期望，使自己无法喘息。

选G：承受压力指数为3。你喜欢简单朴实的人生。你待人诚恳，这使围绕在你身边的人，有自信和安全感。你会全力以赴地去照顾和体贴心爱的人和所有好友。多愁善感是你的致命伤。

建议：使你最感骄傲的是人人都因你而快乐，但你的缺点太希望得到别人的鼓励赞扬了，不如放下高标准，自由自在过自己的人生。

选 H：承受压力指数为 6。你性格细致，敏感度很高，适合从事有创意的工作。工作能力很强，能主动关怀许多事物，即使相貌平凡却拥有纯朴实在的气质。你永远都会把感情和事业放在同等重要的位置。

建议：你是勇气十足的人，胆识高人一等，但无法恰当表现自己的才华，你应该学会生活，处理好人际关系，压力也会因此而消失。

选 I：承受压力指数为 2。你将创造一个适合自己的美好人生，别人不了解你真正需要的是什么，其实你是会编织梦的人，不喜欢制造麻烦和引来烦恼的人，但喜欢能帮助你编织梦想的朋友，你是有特殊外表的人。

建议：小心主动来帮助你的人常常心存不善，他们其中有不少人是想利用你。你需要能听进别人的忠言，辨别谁才是好人。

选 J：承受压力指数为 1。你有很神经质的外表，如同非常神经质的内心。常有深藏不露的心事不能分享给任何人，却忘记了自己为什么而烦恼。你知道自己需要别人的理解和可以信赖的爱情，但是当友谊和爱情来临的时候，你又猜疑它。

建议：交一个可以信赖的朋友，俗话说："有一个信赖的朋友，你就不会得神经病。"你需要一个可以分享心事的好友。你是不懂如何保护和照顾自己的人。

🔒 心理视点

现代社会承受压力的能力，是衡量心理健康的重要标准。有关研究表明，压力事件或压力情境会引起人体一系列不良的生理反应，并降低人体的免疫机能，从而容易引发一些疾病。因此，承受压力的能力与每个人的身心健康息息相关，直接影响着生活质量和工作效率。只有那些变压力为动力的人，才能在各种情境中应对自如、游刃有余。

教你几招缓解自己的压力的办法。

（1）打盹。学会在一切场合，如家中、办公室、走廊、汽车里打盹，只需 10 分钟就会使你精神振奋。

（2）想象。想象一个你所喜爱的地方，把思绪集中在所想象的东西上，并逐渐入境，由此达到精神放松。

（3）按摩。紧闭双眼，用自己的手指尖用力地按摩前额和后脖颈处，有规则地向同一方向旋转。

（4）呼吸。进行浅呼吸、慢吸气、屏气，然后呼气，每阶段持续 8 拍。

第二章

挖掘你的情绪潜能

你会如何面对失败

测试导语

人生难免会遇到失败，但各人采取的态度不同。那么，你是一个只知抱怨和后悔的人，还是能够豁达地坦然面对失败的人呢？下面这个有趣的测试将帮助你回答这个问题。

测试开始

你去参加电视台智力竞赛节目，该竞赛规定，连续正确回答到第 3 问时，可得奖金 1000 元；连续正确回答到第 5 问时，可得奖金 3000 元；连续正确回答到第 10 问时，可得 5000 元；连续正确回答到第 20 问时，可得奖金 20000 元外加夏威夷旅行一次。但是倘若中途答错，则前功尽弃，只能得到"参与奖"——一支圆珠笔作为纪念。现在你已经顺利地答完了第 3 问，如果就此打住，你可以得到 1000 元奖金，可你选择了继续挑战，结果失败了，只得到一支圆珠笔。此时你作何感想？从 A ~ D 中选择一项。

A. 不管怎样已答到第 4 问，挺高兴的

B. 凭自己的能力应该更好些，下次有机会再试试

C. 后悔，答完第 3 问时停止就好了

D. 这个节目游戏规则定得不合理

测试结果

选择 A 的人：不会无谓地逞强，是个能按自己主意办事的务实派，竞争意识不强烈，但知足常乐。

选择 B 的人：坦然面对失败，将失败的苦涩转至期待下一次的成功上，竞争意识强烈，斗志旺盛，富于实干精神，认准一个目标能百折不挠地干下去。

选择 C 的人：拘泥于过去的成绩，对眼下的失败不是考虑通过今后的努力来改变，而是转向对自己决策的责怪，态度消极，属保守型。

选择 D 的人：不服输，竞争意识强烈，但在竞争中往往以自我为中心，一旦遇到挫折，常常把责任推向客观因素，很少自省。

心理视点

没有人不向往成功，但是向往成功却不愿意与失败交手，恰如要成为一名赛跑健儿而只会在跑道旁边比画那样不切实际。失败了，我们要勇敢地去面对。失败了，别泄气，不要幻想奇迹的降临，不要以为万事都能如意，心想便能事成。嘲笑与冷眼的飞来，只会使我们多一份冷静与思考。

你会如何应对尴尬

测试导语

生活中难免会遇到某些尴尬的情况，例如，宴席上朋友向你敬酒，而你一向不会喝酒，或者是已经快喝醉不能再饮了……在诸如此类的情形下，你会怎样去应付呢？请仔细阅读以下 8 道测试题，它们各有 A、B、C 三种答案，每题只能选择一个。如果题中所描述的情况对你来说尚未发生过，则按假设你遇到那些问题时可能的做法去选择。

测试开始

1.你独自一人被关在电梯内出不来，你会：

A.脸色发白，恐慌不安

B.耐心地等待救援

C.想方设法自己出去

2. 假设你从国外回来，行李中携带了超过规定的烟酒数量，海关官员要求你打开提箱检查，这时你会：

A. 感到害怕，两手发抖

B. 泰然自若，听凭检查

C. 与海关官员争辩，拒绝检查

3. 有人像老朋友似的向你打招呼，但你一点也记不起他（她）是谁了，此时你会：

A. 装作没听见似的不搭理

B. 直率地承认自己记不起来了

C. 朝他（她）瞪瞪眼，一言不发

4. 你在餐馆刚用过餐，服务员来结账，你忽然发现身上带的钱不够，此刻你会：

A. 感到很窘迫，脸发红

B. 自嘲一下，马上对服务员实话实说

C. 在身上东摸西摸，拖延时间。

5. 你从超市里走出来，忽然意识到你拿着忘记付款的商品，此时一个很像保安人员的人朝你走过来，你会：

A. 心怦怦跳，惊慌失措

B. 诚实、友好地主动向他解释

C. 迅速回转身去补付款

6. 在朋友的婚礼上，你未料到会被邀发言，在毫无准备的情况下，你会：

A. 双手发抖，结结巴巴说不出话来

B. 感到很荣幸，简短地讲了几句

C. 很平淡地谢绝了

7. 你骑车闯红灯，被警察叫住。警察知道你急着要赶路，却故意拖延时间，这时你会：

A. 急得满头大汗，不知怎么办才好

B. 十分友好、平静地向警察道歉

C. 听之任之，不做任何解释

8. 假如你乘火车逃票，结果被人查到，你的反应是：

A. 冷静对待，不慌不忙，接受处理

B. 尴尬，觉得无地自容

C.强作微笑，以表歉意

评分标准

选项\题号	1	2	3	4	5	6	7	8
A	0	1	1	0	0	0	0	5
B	3	5	5	5	5	5	5	0
C	5	0	0	1	3	2	2	3

测试结果

0~15分：你心理素质比较差，面对尴尬很容易失去心理平衡，变得窘促不安，甚至惊慌失措，情绪波动明显，面临问题往往不能冷静处理。你应该多向别人学习灵活应付复杂情况的能力。

16~30分：你性情还算比较沉稳，遇尴尬事一般不会十分惊慌，但有时往往采取消极应付的态度，有回避矛盾、逃避现实的倾向，同时不够果断和独立。

31~40分：你心理素质良好，几乎没有令你感到手足无措的事，尽管你偶尔也会处置失当，但总的来说，你的尴尬应变能力都不错，是一个能经常保持镇静、从容不迫的人，善解人意，通情达理，总能从实际情况出发做出选择。

心理视点

尴尬是在生活中遇到处境窘困、不易处理的场面而使人张口结舌、面红耳赤的一种心理紧张状态。

尴尬有时是对方有意的，倚仗亲密的关系公开揭你的短，或讲述你过去的傻事。有时是对方无意的，不知不觉中说出了你的隐痛之处。如果真的动气，别人还会说你没有涵养。

可见，尴尬是人在生活中不愿碰到却无法避免的，问题在于怎样应付尴尬。

要学会自我解嘲。受到讥讽之后，你千万不要把时间花在思考对方抱有什么目的跟你过不去上面，更不能假设对方和你有什么"深仇大恨"。因为有意者可能是习惯，对谁都这样，无意者更不能激化矛盾。让心情放松，把这种要笑自己转移给大家。

要用幽默保护自己。幽默感是避免人际冲突、缓解紧张的灵丹妙药，不会造成任何损失，不会伤及任何人和事。

如果活动中出现尴尬局面，幽默更是使双方摆脱窘迫的好方法。

你能转败为胜吗

测试导语

失败乃是兵家常事，但有的人从此萎靡不振、销声匿迹，而有的人却重整旗鼓、东山再起，转败为胜，你属于哪一类人呢？做完下面的测试便可得知。

测试开始

做人实在很辛苦，不时要与各种欲望对抗，下列4种欲望你最无法抵挡的是哪一样？

A.食欲

B.物欲

C.睡欲

D.性欲

测试结果

选择A：你知道调整自己的重要性，遇到挫折时，你会暂时停下脚步，仔细研究问题的症结，再另外拟定一套计划，顺便也调整自己的疲惫与低落的身心状况，等待适当时机，再整装出发。

选择B：只要找对目标，走上正确的路，你有很大的希望能够东山再起。因为人人都可能有失败的经验，你对这种结果也能泰然处之，不会被击垮，如果觉得目标物对你而言很重要，你依然会尽全力去争取。

选择C：或许你可以找到更好的理由，说服自己朝其他方面发展，因为眼前的失败让你怀疑自己是否有能力做好这件事，这可能也是你生命的转机，说不定就换到了适合你的跑道，不过，可惜的是之前的心血就白费了。

选择D：生命中充满挑战，对你而言，跌倒表示又有机会步上胜利的阶梯，所以你绝对不会被挫折打败，这反而更激发了你求胜雪耻的决心。耐力是你的优势，积极的个性则是制胜武器。

心理视点

不在失败中"死亡"，就在失败中"爆发"，转败为胜需要极强的心理素质，如何做到转败为胜呢？送你几句话：泰然自若、不为所动；总结经验、幡然醒悟；运筹帷幄、积蓄力量；寻找突破口，并积极付诸实施，力图转败为胜，并获取最大的胜利。成功，不仅是对时势的分析，机会的把握，条件的创造，体能的抗衡，经验的积累，金钱的增加，更是智慧的发挥，策略的运用，心理素质的较量。

你高度敏感吗

测试导语

多思、敏感是很多人共同的正常心理特征，但是如果过于敏感，不但对自己的情绪有所影响，还会引起神经衰弱，对健康造成伤害。了解自己的敏感度，从下面的心理测试开始。在每题后选择"是"、"否"或"两者之间"3种可能性。

测试开始

1. 你叙述了一件亲身经历的事给家人听，大家觉得有点难以置信，一笑了之。这时你会继续举出一系列的证据务必要大家相信那是真实的吗？

2. 你坐在客厅读报，忽然发现从窗户射进的一束光中无数小灰尘在上下飞舞，你是否马上感到呼吸有障碍，移到远离光束的地方？

3. 乘坐地铁时，与一个陌生人同座，你看到她用手背触了一下鼻尖，你会疑心她在嫌弃你的气味吗？

4. 一次你在街上碰到一位同事与人且谈且行。你隔着一段距离朝他热情地打招呼，他没有马上做出反应，你是不是会想："他为何这般当众羞辱我，难道我得罪他了吗？可恶。"

5. 你是否宣称自己厌恶飞短流长的长舌妇，不久却从你那儿传播出关于某人的谣言呢？

6. 你是否为证明你的社会地位丝毫不差于某些人，而在服饰、娱乐等方面的花销超出自己的经济能力？

7. 你平生第一次坠入爱河，视情侣为心中神圣的偶像。有一天，忽然发现他（她）竟做出十分庸俗的事，你会感到幻想的破灭，并决定抛弃恋人吗？

8. 哪怕与最好的朋友辩论，你也始终认为自己是正确的，对方不过是"歪理也要缠三分"，是吗？

9. 你为别人提供服务或帮助，是否常常怨人家对你酬谢微薄？

10. 老同学聚在一起聊天，你发表了一番对当前国际形势的看法。一个与你关系很好的同学对你的宏论颇不以为然，随口说，这都是外行话。你当时不露声色，回去以后就决定与他断交，会这样吗？

11. 别人指出你事情处理不妥，你是否会找许多理由加以申辩？

12. 同事们议论一下不在场的熟人，你把你所了解的情况大肆渲染了一番。但事后颇感有愧，于是再见到他时便着意表现你对他的好感，是这样吗？

13. 你的一位朋友平日与你过从甚密，但因意志薄弱，做了件对你不太好的事。你是否会毫不容忍、声色俱厉地指责他的过失，表现你的憎恶情绪呢？

14. 你是否喜欢向人不厌其烦地详细叙述你遭遇到的一件小事情？

评分标准

每道题答"是"得10分，答"否"得0分，"两者之间"得5分。据此为你自己打分，算出总分。

测试结果

100分以上：为过分敏感者，你神经异常敏锐，感受性又很强，他人的亲切和恩情，或外界的冷酷，都会在你心中烙下不可磨灭的印记；目睹黑暗与残酷，同等情况的你比别人受到的打击要强烈得多，你的反应也因此异乎寻常的激烈。你与人相处很辛苦，你将他人一些与自己毫不相干的言行看做不利于己的动作，经常处于紧张的警戒中。这会引起周围人对你的厌倦和反感，因为你使所有人感到紧张。如果你不设法改善，恐怕就真的要"不利于己"了。

60～99分之间：属敏感性中等者，比起"过敏"者，你受伤害的机会少多了，你的戒备心理也小多了，不过你仍高于一般人的敏感程度；有时，你偶尔会显出一丝神经质。不要紧，学会漠视一些东西，情况会好起来的。

59分以下：是敏感程度较轻者，也许是造化使然，敏锐的感受力与你无缘，同时也替你屏蔽了不少世间的苦难与伤害，你比他人活得更幸福。

心理视点

高度敏感的人有两个最主要的特点：一是容易兴奋，对刺激极为敏感，表现为多疑、敏感、偏见、固执、易激动、爱生气、脾气古怪；二是容易疲劳，特别是在看书、学习、写作等脑力劳动时更明显，表现为记忆力减退、头脑昏沉、注意力不集中。为了消除这种敏感，建议大家做好以下工作：

（1）学会相信自己。不要以别人的评价为转移，以别人的好恶为是非。如果别人以异样的眼光盯着你时，你不必局促不安，也不必神情窘迫，唯一的办法是——用你的眼波接住对方的眼波，久而久之，你就会发现自己就是自己，可以自如地生活在千万双眼睛织成的人生网格里。

（2）不计较小事。每天生活中、人际交往中的矛盾、冲撞，甚至冲突，都是无法避免的。有些小事发生了，也就把它当作雨过天晴了。如果一个人被生活中的烦琐小事牵着鼻子走，人也会变得琐碎，不仅不讨人喜欢，也会使自己烦恼。

（3）认识自己，善待自己。要认识到自己不能代替别人，别人也不能代替自己；别人不会事事赛过自己，自己也不可能事事出人头地。要有宽阔的胸怀，敢于公开自己的优缺点，而不尽力去遮掩一切；要有"走自己的路，让别人说去吧"的勇气。

（4）充实业余时间。参加集体娱乐或读点你自己感兴趣并有益的书籍。当有"敏感"干扰时，即用松弛身心的办法来对付。可进行自我暗示，转移注意力，如转移话题。另外，坚持经常性的体育锻炼，也有助于防止"心理过敏"现象的发生。

你能使情绪变好吗

测试导语

人人都可能遭遇坏情绪，在你情绪不好时，你会怎样呢？这个测试是帮助你了解你对待自己的不良感受和情绪的观念。请你尽可能忠实于自己的实际情况来回答下面的每一道题。记住，这个测试调查的是你认为自己能做的，而不是调查你的实际情况。仔细阅读每道题目，从下面5个答案中选择最合适的。

A. 表示对这种说法"非常不同意"

B. 表示对这种说法"基本不同意"

C. 表示对这种说法"无所谓"

D. 表示对这种说法"基本同意"

E. 表示对这种说法"非常同意"

测试开始

1. 心情不好时，我通常能找到让自己精神振奋的方法。
2. 心情不好时，我能够做些事情让自己感觉好受些。
3. 心情不好时，我只能沉溺于坏心情中。
4. 心情不好时，如果我回想起愉快的时光，我会感觉好些。

5. 心情不好时，与别人在一起是件费力乏味的事情。

6. 心情不好时，当我以喜欢的方式对待自己时，我会感觉好些。

7. 当我知道自己为什么感觉差时，我就会感觉好些。

8. 心情不好时，我无法让自己做任何事情。

9. 心情不好时，我无法让自己找些好事让自己感觉好些。

10. 心情不好时，我可以很快让自己平静下来。

11. 心情不好时，要找一个真正理解自己的人是困难的。

12. 心情不好时，告诉自己一切都会过去，会帮助我平静下来。

13. 心情不好时，为别人做些友善的事情，会使我心情好起来。

14. 心情不好时，我常会真切地感觉到压抑。

15. 心情不好时，计划如何处理事情会对我有所帮助。

16. 我可以很容易忘记令我心烦意乱的事情。

17. 加紧工作可以帮助我镇静下来。

18. 心情不好时，朋友给予的建议并不能使我感觉好些。

19. 心情不好时，我无法享受那些平时喜欢的事情。

20. 心情不好时，我可以找到放松的途径。

21. 心情不好时，急于解决问题的想法只会使自己心情更糟糕。

22. 心情不好时，看场电影也不能使我好受些。

23. 心情不好时，与朋友一起吃顿饭会对我有所帮助。

24. 心情不好时，我会长时间感觉烦躁不安。

25. 我无法让自己放下自己的心事。

26. 心情不好时，做些创造性的事情会使我感觉好些。

27. 我开始对自己越来越失望。

28. 想象事情最终会好起来并不能使我感觉好一些。

29. 心情不好时，我能够发现些幽默，让自己心情好些。

30. 如果我与一群人在一起，我也会感到拥挤之中的孤独。

评分标准

请你对 3、5、9、11、14、18、19、21、22、24、25、27、28 和 30 题的得分进行转换（转换的规则是选"A"表示 5 分，选"B"表示 4 分，选"C"表示 3 分，选"D"表示 2 分，选"E"表示 1 分），然后计算出你的总分。

百分数对照表

分数	百分数
84	15
92	30
100	50
108	70
116	85

测试结果

如果你的百分数高于50%：一般来说你能够较好地调节自己的坏心情。在你感到苦闷抑郁的时候，你一般坚信自己有能力控制心情，从而可以采取一些策略让不快的时间快速流过。

如果你的百分数低于50%：往往是因为你在苦闷时觉得孤立无助，那么你可以通过学习一些更有效的应对策略来减少自己感觉糟糕的时间。总之，你要相信自己的行为可以改变，找出改变你坏心情的最有效的办法是最好的起点。

心理视点

当人们处于困境的时候，由于生理或精神的原因自觉处境不妙，或者感到外力无从援助，自己又无法摆脱，需要调整自己的情绪，否则会烦躁失眠，或是情绪低落，严重的甚至会自杀。如何将坏情绪调整为好情绪呢？其实可以用转移注意力的方法改变它，比如出去散散步、听听音乐，也可以向知心朋友倾诉一下。另外，你也可以写日记或打个心理咨询热线，让自己的坏情绪发泄出来。除了宣泄以外，如果你能为改变自己的处境而去做些事情，或者以逆境作为人生的动力去努力奋斗，就会使你更快地从消极的情绪中解脱出来。

第三章

关注左右你的情感之源

你属于哪种情绪类型

测试导语

在日常生活中，人们在多大程度上受理智的控制，又在多大程度上受情绪的支配？在这方面，人与人之间存在很大差异，这里面气质（主要是遗传）、性格、情绪（心理学家称之为"觉醒水平"）、阅历、修养等都起着作用。我们只有认清自己情绪的力量，发挥理性的控制，才能实现情绪反应与表现的均衡适度，确保情绪与环境相适应。本测试将帮助你在这方面确定自己的位置。下面有30道情绪自测题，每题有 A、B、C 三个选项，请你仔细阅读，弄清楚每一道题的意思，然后以最快的速度诚实作答，每题只选一项。

测试开始

1. 你在看电影时会哭或觉得想要哭吗？
A. 经常
B. 有时
C. 从不

2. 在咖啡店里要了杯咖啡，这时发现邻座有一位姑娘在哭泣，你会怎样？
A. 想说些安慰话，但却羞于启齿
B. 问她是否需要帮助

C. 换个座位远离她

3. 一个刚相识的人对你说了一些恭维话，你会怎样？
A. 感到窘迫
B. 谨慎地观察对方
C. 非常喜欢听，并开始喜欢对方

4. 遇到朋友时，你经常怎么做？
A. 点头问好
B. 微笑、握手和问候
C. 拥抱他们

5. 对于信件或纪念品，你会如何处理？
A. 刚刚收到就无情地扔掉
B. 保存多年
C. 两年清理一次

6. 在朋友家聚餐，朋友和其爱人激烈地吵了起来，你会怎样做？
A. 觉得不快，但无能为力
B. 立即离开
C. 尽力劝和

7. 如果让你选择，你更愿意：
A. 同许多人一起工作并亲密接触
B. 和少许人一起工作
C. 独自工作

8. 同一个很羞怯或紧张的人说话时，你会：
A. 因此感到不安
B. 觉得逗他说话很有趣
C. 有点生气

9. 在一场特别好的演出结束后，你会：
A. 用力鼓掌
B. 勉强地鼓掌

C. 鼓掌，但觉得很不自然

10. 一位朋友误解了你的行为，并且正在生你的气，你会怎样？
A. 尽快联系，做出解释
B. 等朋友自己清醒过来
C. 等待一个好机会再联系，但对被误解的事不做解释

11. 你曾毫无理由地感到害怕？
A. 经常
B. 偶尔
C. 从不

12. 你喜欢的孩子是下列哪一种？
A. 很小而且有些可怜巴巴的
B. 长大了些的
C. 能同你谈话，并且形成了自己的个性的

13. 当你为解闷而读书时，你喜欢：
A. 读史书、秘闻、传记类
B. 读历史小说、社会问题小说
C. 读科幻小说、荒诞小说

14. 去外地时，你会：
A. 为亲戚们的平安感到高兴
B. 陶醉于自然风光
C. 希望去更多的地方

15. 如果在车上有陌生人要你听他讲自己的经历，你会怎样？
A. 显示你颇有兴趣
B. 真的很感兴趣
C. 打断他，做自己的事

16. 你是否因内疚或痛苦而后悔？
A. 是的，一直很久
B. 偶尔后悔

C. 从不后悔

17. 你是否想过给报纸的专栏写稿？
A. 绝对没想到
B. 有可能想过
C. 想过

18. 当被问及私人问题时，你会怎样？
A. 感到不快和气愤，拒绝回答
B. 平静地说你不愿意回答
C. 虽然不快，但还是回答了

19. 你怎样处置不喜欢的礼物？
A. 立即扔掉
B. 热情地保存起来
C. 藏起来，仅在赠者来访时才摆出来

20. 你对示威游行、宗教仪式的态度如何？
A. 冷淡
B. 感动得流泪
C. 感到窘迫

21. 一只迷路的小猫闯进你家，你会：
A. 收养并照顾它
B. 扔出去
C. 想给它找个主人，找不到就让它安乐死

22. 你在怎样的情况下会送礼物给朋友？
A. 仅仅在新年和生日
B. 全凭兴趣
C. 觉得有愧或有求于他们时

23. 如果你因家事不快，上班时你会：
A. 继续不快，并显露出来
B. 工作起来就把烦恼丢在一边

C. 尽量理智，但仍因压不住火而发脾气

24. 你对恐怖影片态度如何？
A. 不能忍受
B. 害怕
C. 很喜欢

25. 爱人抱怨你花在工作上的时间太长了，你会怎样？
A. 解释说这是为了你们两人的共同利益，然后，仍像以前那样去做
B. 试图把时间更多地花在家庭上
C. 对两方面的要求感到矛盾，并试图使两方面都让人满意

26. 生活中的一个重要关系破裂了，你会：
A. 感到伤心，但尽可能正常生活
B. 至少在短时间内感到心痛
C. 无法摆脱忧伤的心情

27. 以下哪种情况与你相符？
A. 很少关心他人的事
B. 关心熟人的生活
C. 爱听新闻，关心别人的生活细节

28. 下面哪种情况与你最相符？
A. 十分留心自己的感情
B. 总是凭感情办事
C. 感情没什么要紧，结局才最重要

29. 看到路对面有一个熟人时，你会：
A. 走开
B. 招手，如对方没有反应就走开
C. 走过去问好

30. 当拿到母校的一份刊物时，你会：
A. 通读一遍后扔掉
B. 仔细阅读，并保存起来

C. 不看就扔进垃圾桶

评分标准

题号 选项 得分	1	2	3	4	5	6	7	8	9	10	11	12	13	14	15	累计得分
A	3	2	3	1	1	3	3	3	3	3	3	3	1	1	2	
B	2	3	1	2	3	1	2	3	1	1	2	1	2	3	3	
C	1	1	2	3	2	2	1	1	2	2	1	2	3	2	1	

题号 选项 得分	16	17	18	19	20	21	22	23	24	25	26	27	28	29	30	累计得分
A	3	1	3	1	1	3	1	3	1	1	2	1	2	1	2	
B	2	2	1	3	3	1	3	1	3	3	3	2	3	2	3	
C	1	3	2	2	2	2	2	2	2	2	1	3	1	3	1	

测试结果

30～50分：理智型。很少因什么事而激动，表现出很强的克制力甚至冷漠；对他人的情绪缺乏反应，感情生活平淡而拘谨，因此常会听到别人在背后说你"冷血动物"。你需要松弛自己。

51～60分：平衡型。情绪基本保持着感性但不感情用事，克制但不过于冷漠的状态。即使在很恶劣的情绪下握起拳头，也仍能从冲动的情绪中摆脱出来，因此，很少与人争吵；感情生活十分轻松、愉快。

70～90分：冲动型。非常情绪化，易激动，反应强烈；往往十分随和、热情，或者感情脆弱、多愁善感；常会陷入那种短暂的风暴似的感情纠纷，因此，麻烦百出；别人若想劝你冷静，是件很难的事。这里有必要提醒你，一定要克制自己。

心理视点

情绪是人与生俱来的一种心理反应，如喜、怒、哀、乐，易随情境变化。如果不能很好地调节并保持情绪平稳，你势必会陷入痛苦的泥潭之中。如何调节自己的情绪，以下是专家提的几点建议：

（1）尊重规律。我们的情绪与身体内在的"生活节奏"有关。因此不同的时段要做不同的事情，比如早晨可做相对烦琐的工作，而下午不宜处理杂事。

（2）保证睡眠。每天睡眠时间最好保持在8小时左右。

（3）亲近自然。

（4）经常运动。

（5）合理饮食。

（6）积极乐观。

你有抑郁症倾向吗

测试导语

抑郁症是极为常见的心理疾病，是一种以显著的心境低落为主要特征的精神障碍，并伴有相应的思维行为改变。抑郁症患病人数占世界人口的5%左右，其中自杀率高达12% ~ 14%，位居各类心理和精神障碍之者，号称"第一心理杀手"。你有抑郁症倾向吗？请做下面的测试，只需做出"是"或"否"的回答即可。

测试开始

1. 你对任何事物都不感兴趣。

2. 你容易哭泣。

3. 你觉得自己是一个失败者，一事无成。

4. 你常常生气而且容易激动。

5. 你不想吃东西，没有食欲，感觉不出任何味道。

6. 即使家人和朋友帮助你，你仍然无法摆脱心中的苦恼。

7. 你感到精力不能集中。

8. 即使对亲近的人你也懒得说话。

9. 你常无缘无故地感到疲乏。

10. 你觉得无法继续你的日常学习与工作。

11. 你常因一些小事而烦恼。

12. 你感到自己的精力下降，动作减慢。

13. 你感到受骗、中了圈套或有人想抓住你。

14. 你感到做任何事情都很困难。

15. 你感到情绪低沉、压抑。

16. 你感到活着还不如死了好。

17. 你感到很孤独。

18. 你感到前途没有希望。

19. 你常感到害怕。

20. 缺乏自信，总觉得自己什么都不好。

21. 你觉得自己的话越来越少。

22. 在清晨和上午常觉得心情极差。

23. 没有心思看电视、报纸、书籍，干什么都高兴不起来。

24. 你经常责怪自己。

25. 你感到很苦闷。

26. 你晚上睡眠不好，常常失眠或很早就醒来。

27. 这段时间你一直处于愤怒和不满状态。

28. 你觉得人们对你不太友好。

29. 你认为如果你死了别人会生活得好些。

30. 你感到自己没有什么价值。

评分标准

回答"是"计1分，回答"否"计0分，然后计算总分。

0～4分：你的心理基本正常，没有抑郁症状。

5～10分：你有轻微的抑郁症状，可采取自我心理调节，保持乐观开朗的心境。

11～20分：你属于中度的抑郁，要找医生咨询，并进行必要的诊疗。

21～30分：你精神明显抑郁，症状非常严重，你应该请医生给你治疗，同时应进行精神上的自我训练，让自己及早从消极、压抑的情绪中解脱出来。

心理视点

抑郁症是一种常见的情绪障碍性疾病，发病的主要原因是当前社会生活节奏紧张、竞争激烈，从而导致生活和工作压力加大，使心理的负担越来越重，人格个性方面出现多愁善感、思考问题极端、过于追求完美、不善于表达情感等情况。抑郁症表现在身体上的症状，一般为睡眠障碍、疼痛、乏力、胃部不适、食欲欠佳、心慌气急等。对付抑郁症的策略：

（1）注意睡眠、饮食、运动。

（2）明确你的价值和目标。

（3）将欢乐带入工作和生活中。

（4）建立可靠的人际关系。

你总是带有敌对情绪吗

测试导语

　　许多人认为敌对心态是一种不良的情绪，当自己有了这种情绪便感到十分羞愧，其实大可不必。每个正常的人都会对别人、对命运，甚至对自身产生敌对情绪，这是很自然的。但如果这种情绪过分强烈，且十分持久，就不正常了。下面10道题用来测试你是否总以敌对心态对人，请尽量客观地回答每一个问题。

测试开始

1. 你憎恨他人吗？
A. 对于某些人或事情，我的确充满憎恨
B. 我偶尔会有这种情绪
C. 我很少或不曾这样

2. 你固执己见吗？
A. 意见的不同是件有趣的事
B. 除非你同意我的看法与见解，否则我们没有什么好谈的
C. 有些人意见与我不一致，也可能他们是正确的

3. 你对别人态度如何？
A. 我习惯粗鲁无礼，不管别人是否喜欢
B. 我的语气与言语偶尔会不太礼貌
C. 我常常让人觉得和善与礼貌

4. 你是否喜欢讽刺、挖苦别人？
A. 我很少讽刺、挖苦别人
B. 我经常讽刺、挖苦别人
C. 我偶尔讽刺、挖苦别人

5. 你羡慕他人吗？
A. 我很少羡慕别人
B. 我羡慕某些人

C. 我就是痛恨那些拥有我想要的事物的人

6. 你觉得自己是否有嫉妒心？
A. 当我关心某人而他比我好时，我对那人就会很嫉恨
B. 我已在学习抛弃小小的嫉妒心
C. 为何要嫉妒？嫉妒从未进入我的脑海

7. 你缺乏耐心吗？
A. 我以缺乏耐心而出名，但我并不在意
B. 我绝对很有耐心
C. 偶尔会觉得很不耐烦

8. 你信任他人吗？
A. 我很相信别人
B. 有些人不能信任
C. 每个人都存心"陷害"我，我不相信任何人

9. 你的脾气暴躁吗？
A. 偶尔会发脾气
B. 我随时都会大发脾气
C. 要我大发脾气实在不是件容易的事

10. 你在背后说人长短吗？
A. 我喜欢这样
B. 我从来不这样做
C. 有时，我会散布闲言碎语

评分标准

选项＼得分＼题号	1	2	3	4	5	6	7	8	9	10
A	1	3	1	3	3	1	1	3	2	1
B	2	1	2	1	2	2	3	2	1	3
C	3	2	3	2	1	3	2	1	3	2

测试结果

10～14分：严重敌对心态。你的敌意甚深，请你静下心来，仔细找一找产生敌对心态的原因。是由于不顺心，还是由于压抑引起的。持久的敌意会对人的身心产生极为不良的影响，请设法消除。你不妨这么想："这种心态只能把事情搞坏，对己对人都没有好处，所以不应该有这种心态！"如果不奏效，你还可通过和自己的亲密朋友交谈，冷静地谈论引起这种敌对感的情景或个人，这样会让你把这种情绪宣泄掉；或者去运动运动，踢几脚球，投几个篮，使自己完全陶醉于其中，这样会使你感到满足、痛快！还有一个办法，可以用在许多场合——克制。

15～24分：轻度敌对心态。你不必为自己的这种心理担心，只要能按前面所述的一些方法来控制自己，这种心理很快就会消失。

25～30分：无敌对心态。你心胸开阔，凡事想得开，高尚、无私、磊落、随和，这些都是你赢得成功、荣誉和朋友的原因，这也有利于你未来的发展。

心理视点

如何清除敌对情绪呢？专家提出以下建议：

（1）承认问题。让你的亲人和知心朋友了解你，知道你已经认识到自己的确存在着遇事易怒的坏脾气，并且向他们表示你已经打算控制这种不良的情绪，请求他们的支持和帮助。

（2）克制感情。当与人为敌的思想在你的头脑中出现的时候，要用理智来克制自己的感情。你这时千万不能发脾气，理性常常会帮助你克制住自己的怒火，使敌意、怒气渐渐消除、化解。

（3）多为他人着想。遇事千万不可鲁莽，应当设身处地替别人多想一想，这样你才能理解别人的观点和行为。

（4）增加幽默感。幽默能缓解矛盾，使人们相处得融洽和谐。在生活中，人与人之间难免会发生一些摩擦或误解，而一个得体的幽默，往往能使双方摆脱困窘的境地。幽默，常常使愤怒失去它的威力。

（5）以诚待人。在与人开始交往时应当不抱成见，寻找机会取得别人的信任，奉行以诚待人的原则。如果你处处关心别人，常常用友善的态度对待大家，你心中的怒气也就会被消除，从而使敌对情绪不再损害你的健康。

（6）宽容大度。做人不要斤斤计较，不要打击报复。这样你会感到好像从自己的肩上卸下那沉重的愤怒包袱，从而帮助你忘却那些不愉快的事。千万不要忽视敌意对自己的危害，从现在开始就重视它。

你有焦虑情绪吗

测试导语

现代社会是个充满机会与挑战的时代，或者说是个危险与机遇并存的社会。在这样的环境中，人要保持一份豁达从容的心态似乎很不容易，很多人都渴望拥有并保持一种宁静的心态，然而焦虑却常常把我们包围。你知道自己是否焦虑吗？哪些表现说明自己处于焦虑状态？下面的测试题可以帮你解开心中的困惑。

测试开始

焦虑自评量表

你最近一个星期的实际感觉	没有或很少时间	小部分时间	相当多时间	绝大部分或全部时间
1. 觉得比平常容易紧张和着急	1	2	3	4
2. 无缘无故地感到害怕	1	2	3	4
3. 容易心里烦乱或觉得惊恐	1	2	3	4
4. 觉得可能将要发疯	1	2	3	4
5. 觉得一切都很好，也不会发生什么不幸	4	3	2	1
6. 手脚发抖打战	1	2	3	4
7. 因为头痛、颈痛和背痛而苦恼	1	2	3	4
8. 感觉容易疲乏和困倦	1	2	3	4
9. 觉得心平气和，并且容易安静地坐着	4	3	2	1
10. 觉得心跳得很快	1	2	3	4
11. 因为一阵阵头晕而苦恼	1	2	3	4
12. 曾经晕倒过，或常觉得要晕倒似的	1	2	3	4
13. 吸气呼气都感到很容易	4	3	2	1
14. 手脚麻木或刺痛	1	2	3	4
15. 因为胃痛和消化不良而苦恼	1	2	3	4
16. 常常要小便	1	2	3	4
17. 手常常是干燥温暖的	1	2	3	4
18. 脸红发热	1	2	3	4
19. 容易入睡并且睡得很好	4	3	2	1
20. 做噩梦	1	2	3	4

测试结果

把 20 题得分相加为粗分，把粗分乘以 1.25，四舍五入取整数，即得到标准分。焦虑评定的分界值是 50 分。分值越高，焦虑倾向越明显。

心理视点

焦虑是一种令人心烦的情绪，那么我们该如何抑制焦虑情绪呢？

（1）改变你的态度。以积极的心态看待事物，危机也可能是转机。

（2）保持乐观。缺乏信心时，不妨以过去的成就或对未来的美好前景的展望来鼓励自己。反复告诉自己，一切都没有问题，我可以应付得来。

（3）想象自己处在一个舒适愉悦的环境中，有助于消除焦虑。

（4）暂时放松几秒钟，拒绝受焦虑摆布。

（5）向窗外眺望，将视线转向远方，避开低沉的气氛。

（6）深呼吸或放声大喊。

（7）伸展身体，按摩太阳穴或肌肉，有助于缓解焦虑。

（8）听音乐，运动，洗热水澡。

你的自卑感源于什么

测试导语

自卑感在某种程度上可以说是一种激励因素，对个人和社会的完善都有促进作用。但是，过于沉重的自卑感可以使人心灰意冷，畏缩不前，无所作为。我们要设法找到产生自卑感的原因，具体分析对待，并努力克服，扬长避短。

下面这个测试是为帮助人们找出自卑感产生的原因而设计的，请在每题 3 个选项中选择一个最适合你的。

测试开始

1. 有人给你起绰号挖苦你，你的感受如何？

A. 是自己不好只有默默接受

B. 感到委屈

C. 当玩笑

2. 你认为自己的生活质量没有达到周围人的水平吗？

A. 确实如此

B. 不完全如此

C. 并非如此

3. 当你被冷落的时候，你会感到不安吗？

A. 很少

B. 有时

C. 经常

4. 你是否担心自己会失去现有的职业或地位？

A. 完全不担心

B. 有点担心

C. 总是担心

5. 早上，照镜子后的第一个念头是什么？

A. 没什么好在意的

B. 要仔细打扮

C. 再漂亮点就好了

6. 如果有人在背后说你朋友的坏话时，你怎么办？

A. 断然否认或反驳

B. 难说，要看事实

C. 担心会是真的

7. 你能大胆而愉快地接触自己不熟悉和不擅长的事物吗？

A. 很难

B. 偶尔能

C. 总是能

8. 你心里很清楚不是那么回事，但你还有意无意地向别人倾诉吗？

A. 几乎不

B. 有时

C. 经常

9. 如果你遇到一个与你势均力敌的对手时，你会：

A. 沉着应战

B. 不放在眼里

C. 紧张畏惧，灰心丧气

10. 当你想要做某件事情而得不到支持或帮助时，你会：

A. 仍然坚持执行自己的计划

B. 感到为难，试试再说

C. 放弃自己的计划

11. 出席一个舞会，身边有很多陌生人，你会怎么办？

A. 与各种人接触以便结识新朋友

B. 不主动与陌生人接触

C. 只与熟人接触

12. 你的身高与周围人相比如何？

A. 太矮

B. 差不多

C. 很高

13. 对于体育运动，有过自己"反正不行"的想法吗？

A. 一直有

B. 偶尔有

C. 从没有

14. 如果让你重新选择性别，你会选择：

A. 男女都可以

B. 换一种性别

C. 做男人、女人都很苦

15. 当你被别人疏远时，你会：

A. 非常烦恼

B. 寻找自身原因及其解决办法

C. 认为自己没错，对此无所谓

16. 如果你碰到一件令你心烦的事，你会：

A. 陷入烦恼

B. 向朋友和家人诉说

C. 忘却

17. 考卷发下来，你愿意让别人看吗？

A. 让别人看

B. 不允许别人看

C. 把分数遮起来

18. 在与人交谈的时候，你会注视着对方的眼睛，接纳对方的视线吗？

A. 很少

B. 有时

C. 经常

19. 你是否想过 5 年或 10 年后会有令自己不安的事？

A. 常有

B. 偶尔有

C. 没有

20. 被别人称为"不知趣的人"或"蠢东西时"，你怎么办？

A. 心里难过得想哭

B. 回敬他（她）："混蛋，没教养！"

C. 不在乎

21. 你受周围的人欢迎和喜欢吗？

A. 肯定受欢迎

B. 不太清楚

C. 不受欢迎

22. 看到你最近拍摄的照片自我感觉如何？

A. 不称心

B. 还可以

C. 有点像明星照

23. 你有过自己在能力上毫不亚于他人的想法吗？
A. 总是有
B. 偶尔有
C. 从来没有

24. 如果你在某件事上不管怎样努力，都输给竞争对手，你将怎么办？
A. 甘拜下风
B. 在其他方面超过对方
C. 继续努力，争取超过对方

评分标准

选项＼得分　题号	1	2	3	4	5	6	7	8	9	10	11	12	13	14
A	5	5	1	1	1	1	5	1	1	1	1	5	5	1
B	3	3	3	3	3	3	3	3	3	3	3	3	3	3
C	1	1	5	5	5	5	1	5	5	5	5	1	1	5

选项＼得分　题号	15	16	17	18	19	20	21	22	23	24
A	5	5	1	5	5	5	1	5	1	5
B	3	3	3	3	3	3	3	3	3	3
C	1	1	5	1	1	1	5	1	5	1

测试结果

　　24～47分：环境变化造成自卑。你平时是个乐天派，并且往往很自信。你对自己的才能和外表、风度感到满意和骄傲，极少有自卑感。如果你抱有自卑感的话，那是环境起了变化的缘故，譬如你进了出类拔萃的人物聚集一堂的学校或其他场所而未能充分体现你个人的价值时，才会产生自卑。但你没有过于自卑和狂妄自大的倾向，你的心态容易找到平衡点。

　　48～71分：动机与期望过高引起自卑。你有过高的追求、动机过强、好高骛远、期望值过高的缺点。你不满足于现状，想出人头地，以至于去追求不切实际的目标。也可以说，你过分地与周围人计较长短、得失、胜负，追求虚荣，而无法实现时则往往陷入自卑难以自拔。

　　72～95分：过早自我否认造成自卑。你在干事情前就贸然断定自己不行，自认为不如别人。这主要是你不了解周围人们的真实情况，不清楚使你焦虑的事情的本来面目。当你搞清楚后，会恍然大悟："原来是这么回事！"

你的自卑感大多是由于你的无知所致，症结在于自认为不行就心灰意冷。如果多些进取心和求知欲，搞清楚事情的来龙去脉，就可以避免自暴自弃的恶性循环。

96～120分：性格怯懦造成自卑。你总是用消极悲观的眼光看待事物，这与你对自身的能力、体魄和外貌缺乏足够自信有关，只是看到不足与不利之处，因而，遇事退缩胆怯。不管与人交往还是学习、工作，懦弱都导致你自酿苦酒。

🔒 心理视点

尽管上述4个原因都可导致自卑，但造成你自卑的往往不是某一个方面的原因，而可能是两方面或多方面的原因造成的，不过，其中必有一两个原因是主要的。一般来说，自卑心理的产生都经历过这样一个过程：由于某种原因（或某些原因），你在某一（或某几）方面遇到挫折，于是你的自尊心受到压抑、打击，你承受不住这种打击而转为自卑，不再求进取与表现自己。几次的循环重复，使你的自卑感加强，进而泛化，最终导致自卑心理定式的形成。

自卑感是一种过低评价自己的自我意识，它会影响工作、学习、生活，甚至会危害身体健康。克服自卑感应从以下几个方面入手：

（1）正确认识自己，增强自信心。人在不同的环境中生活和成长，由于先天和后天方面的差别，在能力、素质方面有一定的差别是毫不奇怪的。每个人都有自己的长处和短处，在学习和工作中要扬长避短。不要老是拿自己的缺点和不足与别人的优点相比。

（2）正确对待失败和挫折。客观世界错综复杂，在实践中遭受失败和挫折是很难免的。失败是成功之母，要从失败和挫折中吸取教训，使自己得到提高。不要因为一时的失败和挫折而一蹶不振。

（3）注意改善人际关系，创造良好的社交环境。注意处理好与一起工作、生活、学习的人的关系，与他们交朋友、多谈心，对其他的人也应该相互帮助相互鼓励。

（4）培养坚强的意志。知道了自己的不足和缺点，就要下定决心克服，在实践中锻炼坚韧不拔的意志。对于外界的不良刺激不要过于计较。"天生我才必有用"，只要选定目标，坚持不懈地努力，必能取得成功。

心理学游戏不仅是娱乐，更是一种挖掘，让它告诉你自己与他人内心深处的秘密，帮你掌握幸福未来的线索